U0351270

本系列专著由中国清洁发展机制基金赠款项目
—— 应对气候变化立法研究资助出版

应对气候变化立法研究系列

总主编｜王灿发

国际温室气体减排责任分担机制研究

黄婧 著

中国政法大学出版社

2014·北京

图书在版编目（ＣＩＰ）数据

国际温室气体减排责任分担机制研究/黄婧著.—北京：中国政法大学出版社，2014.10
ISBN 978-7-5620-5596-9

Ⅰ.①国…　Ⅱ.①黄…　Ⅲ.①有害气体－大气扩散－污染防治－研究－世界　Ⅳ.①X511

中国版本图书馆CIP数据核字(2014)第218814号

出 版 者　中国政法大学出版社

地　　址　北京市海淀区西土城路25号

邮寄地址　北京100088信箱8034分箱　邮编100088

网　　址　http://www.cuplpress.com（网络实名：中国政法大学出版社）

电　　话　010-58908289(编辑部)　58908334(邮购部)

承　　印　固安华明印业有限公司

开　　本　880mm×1230mm　1/32

印　　张　7

字　　数　190千字

版　　次　2014年12月第1版

印　　次　2014年12月第1次印刷

定　　价　26.00元

总　序

　　自 2009 年 12 月参加了哥本哈根世界气候大会以来，本人和我们中国政法大学的环境法团队一直关注气候变化及其立法问题。2011 年 8 月~2012 年 4 月，我们在国家发改委应对气候变化司的支持下申请成功并顺利完成了英国外交与联邦事务部全球繁荣基金之中国繁荣战略项目基金项目——"启动中国气候变化立法 — 信息分享和国际经验借鉴"，举办了大型的应对气候变化立法国际研讨会，编写了 10 期中英文版的《应对气候变化立法通讯》，考察了英国和欧盟的气候变化立法及其实施情况。我的同事曹明德教授、林灿铃教授也先后完成了美国能源基金会资助的国内和国外及国际应对气候变化立法调研项目。2012 年 7 月，我们中国政法大学的环境法团队成功中标了中国清洁发展机制基金赠款项目——"应对气候变化立法研究"，将与国家发改委应对气候变化司和国家应对气候变化战略研究和国际合作中心一起，连续用三年的时间研究和起草中国的《应对气候变化法》。在这些项目的实施过程中，我们进行了大量的国内和国外调研，对一些专门问题进行了深入研究，取得了许多阶段性成果。这次出版的系列专著，就是我们部分研究成果的展示。

应对气候变化立法，既涉及多学科的基础理论问题，也涉及具体的制度设计和立法模式问题；既涉及与国内相关立法的协调和融合，也涉及与气候变化国际法的接轨。这次选择出版的几本研究专著，在理论层面涉及了应对气候变化的正义问题、立法目的问题；在制度层面涉及了温室气体排放总量控制问题、二氧化碳捕获和封存的法律规制问题；在气候变化适应和能源利用方面涉及生态修复问题、石油天然气产业的法律规制问题；在国际法方面涉及国际温室气体减排责任分担问题。

陈贻健博士的《气候正义论》，从价值论、方法论和实践论的综合角度，分析了气候正义所包含的自由、平等、公平、效率、安全、秩序等多重价值，并从实体正义和程序正义两方面提出了气候正义实现的原则、途径和方法。气候正义虽然是基础理论问题，但其对分配正义、交换正义和矫正正义的分析都涉及了具体法律制度的设计与构建。

董岩博士的《国家应对气候变化立法研究——以立法目的多元论为视角》从立法目的的视角，分析了应对气候变化立法应坚持的基本原则、管理制度的选择与构建、中国应对气候变化法的立法模式和框架构建设计、内容组成，并提出了如何处理发展权与应对气候变化立法关系的思路。

李兴锋博士的《温室气体排放总量控制立法研究》，在调研、分析国际和外国温室气体排放总量控制立法的基础上，提出了我国温室气体排放总量控制立法的目标选择和应遵循的原则，立法的形式，排放总量的确定、分配、交易的管理措施与方法、监管体制等，并对温室气体排放总量控制立法的理论基础进行了解析。

赵鑫鑫博士的《二氧化碳捕获和封存的法律规制研究》，从国外的二氧化碳捕获和封存及其法律规制的实践出发，考察了捕获和封存二氧化碳面临的技术和环境风险及其法律规制的经验和教训，提出了在我国进行相关立法的设想和建议。

吴鹏博士的《以自然应对自然——应对气候变化视野下的生态修复法律制度研究》，从适应气候变化的角度，分析了生态修复与应对气候变化的紧密相关性，提出了通过恢复或重建生态系统平衡来实现生态环境的改善并进而实现以自然因素帮助人们抵御气候变化不利影响的法律机制及其理论根据。

于文轩博士的《石油天然气法研究——以应对气候变化为背景》从能源法的角度探讨了能源开发利用与应对气候变化的关系，分析了在应对气候变化背景下石油天然气产业规制的原则、制度和措施，提出了我国石油天然气立法体系的框架和内容设计。

黄婧博士的《国际温室气体减排责任分担机制研究》，从国际环境法的角度，比较全面地探讨了国际温室气体减排责任在各责任主体间的分担问题。在对现有相关国际法律文件进行分析的基础上，论述了国际温室气体减排责任分担所应坚持的基本原则，构划了温室气体减排责任分担的机制，包括减排责任的主体、温室气体减排的目标、排放信息的收集和核查、减排指标的分配方法等，研究设计了新型指标分配模型，并提出了将新型指标分配模型法律化的路径选择，同时还分析了新模型对中国的有利和不利影响，在此基础上提出了全球减排目标下中国的应对策略。

以上几项专题研究报告，可以为我国的应对气候变化立法及其制度设计提供基本的理论根据和实践调研资料。随着研究的深入，我希望我们的环境法团队将有更多和更好的研究成果产出，为我国应对气候变化立法的健全和完善做出应有的贡献，同时也期望这些研究成果能将应对气候变化立法的学术研究进一步引向深入。

这套系列专著的成功出版，应当特别感谢国家发改委应对气候变化司和中国清洁发展机制基金管理中心的大力支持，同时也对中国政法大学出版社李传敢社长和彭江先生对该系列专著出版的热情支持和积极推动表示衷心的感谢。

中国清洁发展机制基金赠款项目
应对气候变化立法研究项目负责人　　王灿发
2014 年 1 月 18 日

自 序

　　气候变化议题是我一直很关心的话题。2009 年，我作为一名中国青年代表参加了在哥本哈根举行的《联合国气候变化框架公约》第十五次会议。哥本哈根会议并未取得人们预期的成果，在最后几天大会限制非政府组织入场，我也只能旁听一些边会。但这次宝贵的参会经历让我认识了很多有理想、有抱负、热爱环保的有志青年，也使我隐约感觉到中国在国际气候变化谈判中存在的许多不足，特别是缺少法律专家的有力支撑。从那之后，我便下定决心在气候变化领域做一点研究。

　　气候变化是一个交叉性非常强的问题，各国学者从气候科学、政治、法律、经济、伦理等不同角度进行不同层次的研究和探讨。在众多气候变化相关的议题当中，责任分担问题是核心问题，也是气候谈判和理论研究中的一个难点问题。在减排责任分担问题上的分歧使得气候谈判迟迟得不到实质进展，但目前学界对减排责任分担的研究还比较少。基于此，本书选择了以国际温室气体减排责任分担机制为题。

国际温室气体减排责任分担机制指的是：在国际应对气候变化领域，由国际社会根据《联合国气候变化框架公约》、《京都议定书》等气候变化国际法文件的规定，以国际温室气体减排责任分担基本原则为指导，旨在公平、有效地分担各国温室气体减排责任的法律机制的总称。经过二十多年的发展，温室气体减排责任分担逐渐成为气候谈判和气候变化国际法文件的重点。《联合国气候变化框架公约》、《京都议定书》、《巴厘岛行动计划》、《哥本哈根协议》、《坎昆协议》，都有关于温室气体减排责任分担的规定。

当今国际社会亟待建立一个完善的国际温室气体减排责任分担机制。建立国际温室气体减排责任分担机制既有必要性，又有可行性。必要性体现在建立国际温室气体减排责任分担机制是实现《联合国气候变化框架公约》最终目标的必要条件，是推动后京都气候谈判的必由之路，也是完善气候变化国际法的必然要求。可行性体现为现有的公约规定、理论研究和实践经验均为建立国际温室气体减排责任分担机制奠定了良好的基础。

国际温室气体减排责任分担涉及正义、公平和效率三种法律价值的平衡和冲突。在公平与效率价值相冲突时，应当优先考虑公平价值，兼顾效率价值。这三种价值理念为国际温室气体减排责任分担基本原则的确立提供了理论基础。国际温室气体减排责任分担的基本原则是指贯穿于国际温室气体减排责任分担机制中起指导作用的根本准则。尽管学术界提出了十几项国际温室气体减排责任分担基本原则，但按照基本原则的本来内涵要求加以审视，能够称之为国际温室气体减排责任分担基本原则的，只有"共同但有区别责任原则"和"人均平等排放权原则"两项原则。

国际温室气体减排责任分担机制的构成要素分为静态构成要素和动态构成要素两类。国际温室气体减排责任分担机制的静态构成要素分为主体、客体和目标三部分，主体包括决策主体、执行主体、责任承担主体和监督主体，客体指的是国际温室气体减排责任，目标分为升温限制和温室气体浓度限制两种不同形式。国际温室气体减排责任分担机制的动态构成要素则包括收集排放信息、分配减排责任、核查减排信息等。

目前国际上已形成多个国际温室气体减排责任分担方案，这些方案各有其优点和内在缺陷。为此，笔者提出建立一个公平、有效、可行的新型减排责任分担方案。该方案以国际温室气体减排责任分担的考量因素和衡量指标为基础。其中，考量因素包括历史排放、现实排放、人口数量、各自的能力、地理和气候条件、能源资源禀赋、国际贸易等，相应的衡量指标包括国别排放指标、人均排放指标、减排能力指标、气候变化脆弱性指标、国际贸易排放指标等。在以上因素和指标的基础上，对四大指数加权可以得到一个各国温室气体减排责任分担指数。在依据全球减排目标确定全球碳预算总量的前提下，根据这个责任分担指数即可分配各国的减排责任。

中国为减缓气候变化已出台了一系列的法律法规和政策，并已取得一定的减排成果。本书提出的新型减排责任分担方案对中国而言既有有利因素，又有不利因素。有利因素包括人口因素、历史排放因素、国际贸易因素；不利因素包括严格的总目标、现实排放因素等。在长期全球减排目标的背景下，中国应当坚持气候变化责任分担的基本原则，完善减缓气候变化的相关法律法规，大力发展低碳经济和先进减排技术，并加强公众参与推动自下而上的减排，应对后京都时代减缓气候变化的挑战和机遇。

　　本书是在本人博士学位论文的基础上修改完成的。以上是本书的主要内容，是为序。

黄　婧

2014 年 5 月

目 录

导　论

一、选题现实意义

（一）气候变化问题的提出及气候科学的进展

科学界对全球气候变化的探索已有两百多年的历史。早在 19
世纪初期，法国科学家约瑟夫·傅里叶（Joseph Fourier）就认识
到，如果地球没有大气层将会寒冷得多。1859 年，英国科学家约
翰·丁达尔（John Tyndall）发现二氧化碳是温室气体。[1] 1896
年，瑞典科学家苏万特·阿列纽斯（Svante Arrhenius）最早将全球
变暖作为一种理论概念提出，并发表了人类排放二氧化碳导致全球
变暖的第一个计算报告，但当时其他科学家大多宣称难以置信。20
世纪 50 年代，加利福尼亚州的科学家罗杰·雷维尔（Roger Rev-
elle）、汉斯·修斯（Hans Suess）、查里斯·大卫·基林（Charles
David Keeling）等人发现了全球变暖的可能性，即这是一种在遥远
的将来可能碰到的危险。[2] 总体来看，在 1990 年以前气候科学的
探索过程十分艰辛，虽然不乏许多科学家的卓绝努力，但是研究发
展较为缓慢，研究成果也比较零散。这主要是由气候变化的跨学科

---

〔1〕 ［美］沃特：《忧天：全球变暖探索史》（修订扩充版），李虎译，清华大学出
版社 2011 年版，第 2～4 页。

〔2〕 ［美］沃特：《忧天：全球变暖探索史》（修订扩充版），李虎译，清华大学出
版社 2011 年版，第 X 页。

性质所决定的。正如美国学者沃特（Weart）所说："发现全球变暖的故事并不像一次专业的行军，而更像是多个分散的群体在一片广袤原野上漫游。成千上万的人辛苦工作，他们的研究偶然地会告诉我们关于气候变化的某些'雪泥鸿爪'。许多科学家几乎不知道彼此的存在。在这里，我们发现一位计算机高手在计算冰川的流动；在那里，一位实验员在转台上旋转盛了水的转盘；而在另一边，一位学生正在用针从一摊淤泥中挑拣小壳体。"[1]

转折点出现在 1988 年，世界气象组织（WMO）和其他联合国环境机构成立了政府间气候变化专门委员会（IPCC）。至此，气候研究不再是发生在世界各个角落气候科学家的孤军奋战，而是在一个非凡组织的有效协调下各国顶尖科学家的合作研究。1990 年，IPCC 的十几个工作组的 170 位科学家经过辛苦工作，发布了第一份评估报告。结论是世界的确在变暖，报告推测，还需要另外一个十年才能够肯定这种变化是由自然过程造成的，还是由温室效应造成的。虽然全球变暖还远远不能确定，但是专家组认为到 2050 年，人类的排放导致全球温度升高几摄氏度是有可能的。这促使联合国大会作出制定《联合国气候变化框架公约》（以下简称《公约》）的决定。1995 年，IPCC 发布了第二份评估报告，报告指出"权衡证据，表明人类对全球气候产生了可察觉到的影响"，并给出了人为温室效应的证据，但在量化人类对全球气温的影响方面的研究仍较为有限。[2] 尽管如此，它还是为《联合国气候变化框架公约〈京都议定书〉》（以下简称《京都议定书》）的谈判作出了贡献。

---

〔1〕［美］沃特：《忧天：全球变暖探索史》（修订扩充版），李虎译，清华大学出版社 2011 年版，第 XI 页。

〔2〕"The observed warming trend is unlikely to be completely natural in origin." International Panel on Climate Change, *Climate Change* 1995: *The Science of Climate Change*, e. d. J. T. Houghton et al. , Cambridge: Cambridge University Press, 1996, p. 37. 关于 IPCC 的历届报告，可以在 IPCC 的官网上下载，http://www.ipcc.ch/publications_ and_ data/publications_ and_ data_ reports. shtml.

2001 年，IPCC 的第三次评估报告进一步指出，日益增加的观测结果给出了一个变暖的世界和气候系统的其他变化的整体图景，人类活动造成的温室气体和气溶胶排放继续以预期影响气候的方式改变着大气，有新的和更强的证据表明，过去 50 年观测到的增暖的大部分可归结于人类活动，在整个 21 世纪人类影响将继续改变大气组成。[1] 2007 年，IPCC 发布的第四次评估报告更明确地指出，气候系统变暖是毋庸置疑的，目前从全球平均气温和海温升高，大范围积雪和冰融化，全球平均海平面上升的观测结果中可以看出气候系统变暖是明显的；自工业化时代以来，人类活动已引起全球温室气体排放增加，其中在 1970～2004 年期间增加了 70%；自 20 世纪中叶以来，大部分已观测到的全球平均温度的升高很可能是人为温室气体浓度增加所导致。[2]

目前，IPCC 已经编写了第五次评估报告，三个工作组已完成各组报告，分别为《气候变化 2013：自然科学基础》《气候变化 2014：影响、适应和脆弱性》《气候变化 2014：减缓气候变化》。[3]《综合报告》也于 2014 年 11 月定稿，第五次评估工作已全部完成。第一工作组报告《气候变化 2013：自然科学基础》于 2013 年 9 月份在瑞典斯德哥尔摩发布，报告明确指出：人类对气候系统的影响是明确的，21 世纪末期及以后时期的全球平均地表变暖主要取决于累积 CO_2 排放，即使停止了 CO_2 的排放，气候变化的许多方面仍将持续许多世纪。这表明，过去、现在和将来的 CO_2 排放产生了长达多个世纪的持续性气候变化。报告为评估气候变化影

---

〔1〕 IPCC：《气候变化 2001：科学基础，第一工作组对 IPCC 第三次评估报告的贡献》，剑桥大学出版社 2001 年出版，第 152～158 页。

〔2〕 IPCC：《气候变化 2007：综合报告，政府间气候变化专门委员会第四次评估报告第一、第二和第三工作组的报告的贡献》，第 2～5 页。

〔3〕 有关 IPCC 第五次评估三个工作组的决策者摘要、完整报告以及更多信息可登录 www.ipcc.ch 网站查询。

响及应对气候变化提供了坚实基础。[1] 第二工作组报告《气候变化2014：影响、适应和脆弱性》于 2014 年 3 月在日本横滨发布，报告指出：所有大陆和各大海洋都受到气候变化的影响；尽管随着气候变暖的程度不断加大，管理这些风险的难度很大，但应对风险的机遇依然存在；应对气候变化需要针对不断变化的世界产生的风险作出选择。[2] 第三工作组报告《气候变化2014：减缓气候变化》于 2014 年 4 月在德国柏林发布，报告指出：虽然各国应对气候变化的政策越来越多，但全球温室气体排放已升至前所未有的水平；2000～2010 年期间的温室气体排放增速比之前 30 年中任何 10 年都要快；通过采取各种技术措施以及行为改变，有可能将全球平均升温幅度控制在工业化前水平 2°C 以内，但只有通过重大体制和技术变革，才更可能将全球升温控制在这个阈值内。[3]

IPCC 发布的历次评估报告清楚地表明了全球变暖的客观事实以及人类活动对气候变化的真实影响。事实上，科学界在这些重大问题上已经达成了共识，并不存在什么重大争议。前美国国家海洋大气局局长詹姆斯·贝克（James Baker）曾经说过："在全球变暖这一问题上所达成的共识比其他的都要一致，当然，牛顿运动学定律可能是个例外。"《科学》杂志总编辑唐纳德·肯尼迪（Donald Kennedy）在谈到全球变暖的共识时如此总结道："在科学界，能像在这个话题上那样达成如此强烈的共识是极为罕见的。"但是政治家们则往往会将说客们为了自身利益而在大众媒体上宣扬的蛊惑性观点与在著名学术刊物上发表且经过同行审查的科学研究成果相混

〔1〕 "IPCC 和它的第五次评估报告"，载中国气象视频网，http：//t1. mywtv. cn/content/j/a/2013/10/25/138303354981. shtml.

〔2〕 张永："IPCC 发布最新报告 呼吁关注气候变化风险"，载中国气象局网，http：//www. cma. gov. cn/2011xwzx/2011qxxw/2011qxyw/201403/t20140331_ 242024. html.

〔3〕 "IPCC 第三工作组第五次评估报告决策者摘要（SPM）"，http：//report. mitigation2014. org/spm/ipcc_ wg3_ ar5_ summary－for－policymakers_ approved. pdf.

淆，从而使得有些公众误以为科学界对这一问题还未达成共识〔1〕。加州科学家诺米·奥勒斯克（Naomi Oreskes）博士选取了 928 篇以往 10 年来在学术杂志上发表的关于全球变暖的文章，没有一篇不同意关于全球变暖的共识。相比之下，美国最具影响力的四大报纸里近 14 年来关于全球变暖的文章里，超过半数的文章给予了两种观点相同的篇幅。据此，研究人员总结道，美国的新闻媒体对读者进行了误导，使得读者们误认为科学界在人类活动是不是导致全球变暖的原因这一问题上争论不休〔2〕。

（二）气候变化对人类的影响

根据 IPCC 第二工作组的评估报告，气候变化已经并在未来仍将对全球环境造成深远影响。气候变化正在影响着雪、冰和冻土区域的自然和人类系统，并开始影响水文和水资源、沿海地带和海洋。具体表现为：冰川湖泊范围扩大，数量增加；在多年冻土区，土地的不稳定状态增大，山区出现岩崩；北极和南极部分生态系统发生变化；在许多由冰川和积雪供水的河流中，径流量和早春最大溢流量增加；许多地区的湖泊和河流变暖，同时对热力结构和水质产生影响；春季特有现象出现时间提前，如树木出叶，鸟类迁徙和产卵；动植物物种的地理分布朝两极和高海拔地区推移；在许多地区春季已出现植被"返青"提前的趋势；高纬海洋中藻类、浮游生物和鱼类的地理分布迁移并发生变化；高纬和高山湖泊中藻类和浮游动物增加；河流中鱼类的地理分布发生变化并提早迁徙〔3〕。

IPCC 第二工作组认为，对 1970 年以来的全球资料的评估显示，人为变暖可能已对许多自然和生物系统产生了可辨别的影响，区域气候变化对自然和人类环境的其他影响正在出现。这些影响表

〔1〕［美］阿尔·戈尔：《难以忽视的真相》，环保志愿者译，湖南科学技术出版社 2007 年版，第 260－261 页。

〔2〕［美］阿尔·戈尔：《难以忽视的真相》，环保志愿者译，湖南科学技术出版社 2007 年版，第 262 页。

〔3〕IPCC 第四次评估报告第二工作组决策者摘要，第 8 页。

现为：北半球高纬地区早春农作物播种以及由于林火和虫害所造成的森林干扰体系的变更；对人类健康的影响，如欧洲与热浪相关的死亡率、某些地区的传染病传播媒介以及北半球中高纬地区的花粉过敏；在北极的某些人类活动（如冰雪上的狩猎和旅行）以及在低海拔高山地区的某些人类活动（如山地运动）。[1] 另外，IPCC 第二工作组还分系统和行业评估了气候变化的影响，包括对淡水资源及其管理、生态系统、粮食、纤维和林业产品、海岸带系统和低洼地区、工业、人类居住环境、健康的影响。[2]

除了对自然环境产生重大影响之外，气候变化也会对人类的社会生活、经济、政治、文化、国家安全等产生深远影响。英国前外交官玛格丽特·贝克特（Margaret Beckett）曾说："近期的科学证据已经为人们描绘了一幅气候变化对世界的切实影响。这些影响不只关乎环境领域，它们还关乎国家安全的核心问题。"[3] 这一说法并非耸人听闻，事实上，有些国家或地区已经或正在上演着气候变化影响国家安全的一幕。美国前副总统阿尔·戈尔（Albert Arnold Gore Jr.）也在《难以忽视的真相》一书中告诉我们："在东岸的达尔富尔地区，种族屠杀屡见不鲜。在西岸的尼日尔，干旱横行导致的饥荒使得数百万人受到威胁。导致饥荒和屠杀的原因很复杂，其中有一个因素很少被探讨，那就是原为世界第六大湖的乍得湖在过去短短 40 年内的消失。乍得和尼日利亚的渔民追随一路退却的湖水进入喀麦隆边境，引发了军事交火和国际法律纠纷。"[4]

（三）气候变化要求人们尽快采取行动

在科学界对全球变暖已无重大争议、气候变化对人类各方面的影响日益加深的背景下，人们必须尽快采取行动而不是一直拖延。

---

〔1〕 IPCC 第四次评估报告第二工作组决策者摘要，第 9 页。

〔2〕 IPCC 第四次评估报告第二工作组决策者摘要，第 11 页。

〔3〕 ［美］格温·戴尔：《气候战争》，冯斌译，中信出版社 2010 年版，第 XI 页。

〔4〕 ［美］阿尔·戈尔：《难以忽视的真相》，环保志愿者译，湖南科学技术出版社 2007 年版，第 116～117 页。

马丁·路德·金（Martin Luther King）在遇刺前不久的一次演讲上曾说："朋友们，我们现在要面对的事实是，明天就是现在。我们面对的是猛烈而紧急的现状。在生命与历史的难题揭晓之时，有一样东西叫作'太迟'。拖延等于盗窃时间。赤裸裸的人生让我们总是为丧失机会而灰心沮丧。人类万物之潮水不总是盈满，也有低潮的时候。我们也许会绝望地呐喊，希望时间能停留，但是时间固执不理会恳求，继续匆匆前进。累累的白骨以及无数文明的碎片都记载着悲惨的话语'太迟了'。冥冥中，有一本无形的生命之书，忠实地记载着对我们忽略这一切的警示。奥玛·海亚姆（Omar Khayyam）说得对，'立即行动，否则太迟'"。[1]

从气候科学的角度，气候科学家们指出必须尽快采取行动。在IPCC第五次评估第三工作组报告审议会议期间，人们常用到这样一个比喻，科学家是帮助政策制定者决定航向的制图人。作为制图人，科学家不仅需要指出可能的路线，还要标明不确定的地域、空白地带以及前方的危险。科学家们应将各种可能途径的挑战、风险和潜在影响公之于众。第三工作组绘制出来的这幅图上显示，只有通过一个相当狭窄的通道，才能相对安全地航行；时间是问题的关键。制图者明确说明，晚出发将严重影响前方的航行，因为条件将恶化，一些路线会越来越难通过，可能还需要花费高成本修复船只，并且还不确定能修好。修复船只可能需要使用一些未经测试的技术，这些技术需要更多的投资，也伴随着更大的风险。科学比以往更明确，影响是毋庸置疑的，多种途径已经绘制出来了。2014年11月通过的《综合报告》把以上这些碎片拼接起来，绘制出一张完整的地图，告诉我们如何避开那些危险的水域继续前行，也告诉我们如果不这么做会有什么后果。正如IPCC联合主席艾登霍费

〔1〕［美］阿尔·戈尔：《难以忽视的真相》，环保志愿者译，湖南科学技术出版社2007年版，第10页。

尔（Ottmar Edenhofer）所说，"现在还是有希望的，只是希望不大
了"。[1]

从气候变化的经济学角度，人们也应当尽快采取行动。英国经
济学家尼古拉斯·斯特恩（Nicholas Stern）曾指出，"作为经济学
家，我们的任务是采信科学，特别是其风险分析，并考虑其对政策
的影响"，只有在"科学证据表明风险肯定是微不足道的，经济学
家才可以主张现在可以无所作为"。[2] 2006年10月，经过一年的
调研，斯特恩主持完成并发布了一份长达700多页的《斯特恩报
告》。《斯特恩报告》的核心内容就是号召人们立即采取强有力行
动，因为"迅速、有力地阻止气候变化的行动带来的益处将会远超
过为行动所付出的经济成本"。《斯特恩报告》预测，如果我们现
在不采取行动，那么气候变化所造成的成本和风险（包括对基础设
施的破坏、供水的不足、食物匮乏等等）每年将至少相当于全球
GDP（生产总值）的5%。如果从更广义的角度考虑这些风险和影
响，则破坏程度将相当于全球GDP的20%甚至更多。相比之下，
采取行动的代价"可以控制在每年全球GDP的1%左右"。[3] 因
此，迅速、有力的全球性行动势在必行。

立即采取行动不仅是气候科学和气候经济学研究成果的要求，
也是环境伦理和道德的要求。环境伦理要求各国在尊重本国、他国
利益和权利的同时，尊重地球生物圈的权利和利益，超越狭隘的国

---

〔1〕 国际可持续发展中心（IISD）："IPCC第三工作组第12次会议及第39次全会
谈判摘要"，载《地球谈判公报》2014年第12期，http：//www. iisd. ca/vol12/enb12597e.
html.

〔2〕 ［英］尼古拉斯·斯特恩："气候变化经济学（上）"，季大方译，载中央编译
局网站，http：//www. bijiao. net. cn/news - 151. htm. 文章原载于《经济社会体制比较》
2009年第6期，原文为 Nicholas Stern, "The Economics of Climate Change", *American Eco-
nomic Review*: 2008, 98: 2 - 37.

〔3〕 ［英］玛莉安·贝德："斯特恩报告的全球变暖警示"，载中外对话网站，ht-
tp：//www. chinadialogue. net/article/show/single/ch/528 - A - Stern - warning - on - global -
warming.

家主义观念，共同应对气候变化治理难题。[1] 阿尔·戈尔在《难以忽视的真相》一书曾呼吁，"现在我们面临一个道德的紧要关头，一个十字路口。根本上，它不仅仅是关于科学讨论或者政治对话的问题，而是关于人类的生存，关于人类能否超越自我迎接这个新情况的问题。用心感受，用眼观察，我们呼唤回应。这是一种道德上、伦理上、精神上的挑战。"[2]

二、理论研究意义

气候变化是当今世界的一个热点问题。没有哪一个问题能像气候变化这样，引起无数学者、政治家、经济学家、社会学家和普通民众的关注。气候变化不仅是一个科学问题，还是一个道德问题，更是一个法律问题。为了解决应对气候变化这个难题，不同国家的学者出版了各项专著、论文讨论这个问题，其中也不乏从法律角度给出解决方案的。在众多气候变化相关的议题当中，责任分担问题是核心问题。在减排责任分担问题上的分歧使得气候谈判迟迟得不到实质进展，但目前对减排责任分担的研究还比较薄弱。

（一）减排责任分担是气候变化理论研究的一大难题

在气候变化的国际法应对上，国际社会通过了一系列公约、议定书、缔约方会议文件等，初步形成了气候变化应对法律框架体系。《公约》规定，即使科学上存在不确定性，也应根据预防原则采取措施，对影响气候变化的人类活动进行规制。由于《公约》仅具有框架法性质，而《京都议定书》的第一承诺期在 2012 年已经结束，有必要出台一份新的气候变化国际文件。各国在新气候变化国际文件的规定上分歧众多，进展缓慢。由于全球碳排放空间的有限性和未来气候风险的不确定性，公平问题引起了越来越多的关注。国际气候谈判有两大公平议题——确定全球减排目标和分摊应

---

〔1〕 钱皓："正义、权利和责任——关于气候变化问题的伦理思考"，载《世界政治与经济》2010 年第 10 期，第 72 页。

〔2〕 ［美］阿尔·戈尔：《难以忽视的真相》，环保志愿者译，湖南科学技术出版社 2007 年版，第 11 页。

对气候变化的成本与收益。[1] 其中最核心的问题就是如何在新的气候变化国际法文件中规定温室气体减排责任分担的问题。公平性和有效性也在众多国际气候谈判中成为争论焦点，其中不仅包括正式的《公约》缔约方会议，也包括政府首脑云集的各类高峰论坛。[2] 可见，减排责任分担是当今气候变化理论研究的一大难题，也是阻碍日后气候谈判取得重大进展的最大障碍。

（二）现有的相关研究十分薄弱

为了了解学术界对气候变化责任的研究现状，笔者收集了减排责任分担的相关学术论著。从笔者收集的学术论著来看，目前没有任何一本针对国际温室气体减排责任分担的专著，现有的论著只在对气候变化国际法、气候治理、共同但有区别责任、气候变化的公平性的著作中涉及部分责任分担的内容。例如，武汉大学杨兴博士的《〈气候变化框架公约研究〉——法与比较法的视角》，中国社会科学院庄贵阳研究员主编的《全球环境与气候治理》，芬兰环境法学者图拉·洪科宁（Tuula Honkonen）的《多边环境协议中的共同但有区别责任原则：管制与政策的视角》[3]，美国佩斯法学院弗里德里希·佐尔陶（Friedrich Soltau）博士的《国际气候变化法律与政策中的公平问题》[4]，美国学者克里丝·沃尔德（Chris Wold），戴维·亨特（David Hunter）和梅莉莎·多威尔斯（Melis-

---

〔1〕 郑艳、梁帆："气候公平原则与国际气候制度构建"，载《世界经济与政治》2011 年第 6 期，第 71 页。

〔2〕 曹静、苏铭："应对气候变化的公平性和有效性探讨"，载《金融发展评论》2010 年第 1 期，第 98 页。

〔3〕 Tuula Honkonen, "The Common but Differentiated Responsibility Principle in Multi-lateral Environmental Agreements: Regulatory and Policy Aspects", *Kluewer Law International*, 2009.

〔4〕 Friedrich Soltau, *Fairness in International Climate Change Law and Policy*, Cambridge University Press, 2009.

sa Powers）合著的《气候变化与法律》[1]，以及社会科学文献出版社出版的一系列气候变化与人类发展译丛。

在论文方面，与国际温室气体减排责任分担相关的论文则主要分为四大类：①在气候变化大框架下讨论国家责任的论文；②温室气体减排责任分担的理论基础的论文；③论述共同但有区别责任原则的论文；④讨论碳排放权或温室气体减排的论文。笔者以中国知网的数据库为主，选择期刊数据库、博士学位论文数据库、硕士学位论文数据库、主要会议数据库、重要报纸论文数据库这五个数据库分别进行了以下检索。[2]

第一，以"气候变化"为题名进行模糊检索，得到 10 662 篇期刊论文、202 篇博士学位论文、743 篇硕士学位论文、3651 篇报纸论文和 1427 篇会议论文。而以"气候变化责任"为题名进行模糊检索，仅有 42 篇期刊论文、1 篇博士学位论文、4 篇硕士学位论文、28 篇报纸论文和 1 篇会议论文。又以"温室气体责任"为题名进行模糊检索，得到 6 篇期刊论文和 10 篇报纸论文。可见，在研究气候变化问题的上万篇论文中，只有不到百篇论文是从责任角度进行研究的，可见研究气候变化责任的论文很少。

第二，以"气候变化"为题名进行模糊检索之后，再以"共同但有区别责任"为关键词进行模糊检索，得到 5 篇期刊论文和 2 篇博士学位论文。可见，在现有的对气候变化责任或温室气体责任的研究中，有近一半的研究集中于对"共同但有区别责任"原则的讨论。初步浏览这些论文之后，笔者发现这些论文多是从一个大的视角介绍气候变化国际谈判的历史、达成的法律文件、形成的法律机制，并未作更细致的讨论。

第三，为了了解法律研究与其他学科研究的比例，笔者以"温

---

〔1〕 Chris Wold, David Hunter, Melissa Powers, *Climate Change and the Law*, Newark, NJ：LexisNexis Matthew Bender, 2009.

〔2〕 最后一次检索时间为 2014 年 3 月 26 日 10 时。

室气体减排"为题名进行精确检索，检索结果是：在不对论文类别进行限制的情况下，得到 279 篇期刊论文、4 篇博士学位论文、16 篇硕士学位论文、31 篇会议论文和 141 篇报纸论文。将结果限制为"社会科学Ⅰ辑"中的法律相关类别[1]进行检索后，仅得到 6 篇期刊论文、1 篇硕士学位论文、1 篇会议论文和 1 篇报纸论文。同样，在不限制类别的情况下，检索"温室气体排放"得到 587 篇期刊论文、27 篇博士学位论文、84 篇硕士学位论文、58 篇会议论文、262 篇报纸论文。限制为"社会科学Ⅰ辑"中的法律相关类别文献后，仅得到 16 篇期刊论文、2 篇博士学位论文、1 篇硕士学位论文、2 篇会议论文和 3 篇报纸论文。这说明，与其他学科相比，从法律角度研究"温室气体减排"或"温室气体排放"的论文很少。

第四，为了解从法律视角研究碳排放权的研究情况，笔者以"碳排放权"为题名进行精确检索并限制为"社会科学Ⅰ辑"中的法律相关类别，得出 69 篇期刊论文、1 篇博士学位论文、39 篇硕士学位论文、2 篇会议论文和 15 篇报纸论文，可见学术界对碳排放权的讨论还是比较多的。笔者以"交易"为题名在上述检索结果中二次检索，得出与碳排放权和交易有关的论文包括 53 篇期刊论文、1 篇博士学位论文、32 篇硕士学位论文、2 篇会议论文、15 篇报纸论文，这占到了碳排放权论文的很大一部分。如以"分配"为题名在结果中二次检索，仅得到 2 篇期刊论文和 3 篇硕士学位论文；以"责任"为题名在结果中二次检索，仅得到 1 篇期刊论文。这说明，对碳排放权的现有研究重交易而轻分配，重市场调节而轻责任分担。

通过以上检索，可以初步得出以下三点结论：①在研究气候变化的文献中，大部分研究侧重于从国际政治和经济的视角去考查，而从法律视角审视的文献相对较少；②在研究气候变化的法律文献

---

〔1〕 "社会科学Ⅰ辑"中的法律相关类别包括以下八小类：法理法史、宪法、行政法及地方法制、民商法、刑法、经济法、诉讼法与司法制度、国际法。

中，有关气候变化责任的文献较少；③在研究碳排放权的法律文献当中，侧重碳排放权分配的较多而研究责任分配的文献较少。

在学位论文方面，国内相关学位论文的研究主要集中于对气候变化法律机制和"共同但有区别责任"原则的探讨。由于气候变化法律机制内容庞杂，这些论文从国际环境法的视角加以宏观探讨，未在气候变化背景下具体分析"共同但有区别责任"原则的特点和实际运行情况。可见，国内对国际气候变化责任分担研究停留在宽泛的框架上，内容不够全面也不够细致。相比之下，国外学者的相关论文主要关注对"共同但有区别责任"原则和责任分担公平性的研究。

综上所述，目前学术界对国际温室气体减排责任分担机制的研究还比较薄弱。现有的研究还存在针对性不强、过于理论化、不成体系、不够客观中立等缺陷。此外，现有研究多为零散地涉及国际温室气体减排责任分担机制的某个或某些领域，还未有论文或著作以国际温室气体减排责任分担机制为题的，更没有对国际温室气体减排责任分担机制的各项原则、方案、标准等进行系统的研究。为了弥补现有研究的薄弱之处，本书选择了以国际温室气体减排责任分担机制为题。

三、研究思路、方法和创新

（一）研究思路

本书研究的基本思路是从概念梳理出发，在分析国际温室气体减排责任分担机制发展历史的基础上，归纳了国际温室气体减排责任分担的价值和基本原则，进而分析其各项构成要素、责任分担方案，最后落脚于中国的应对策略。全书共分为五章，全面讨论国际温室气体减排责任分担机制的问题。第一章是国际温室气体减排责任分担机制的源起，主要介绍相关概念、公约规定以及建立分担机制的必要性和可行性。第二章探讨国际温室气体减排责任分担的理论基础，包括价值体现和基本原则两部分。第三章是国际温室气体减排责任分担机制的构成要素，包括静态要素和动态要素。第四章

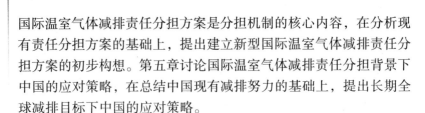

国际温室气体减排责任分担方案是分担机制的核心内容，在分析现有责任分担方案的基础上，提出建立新型国际温室气体减排责任分担方案的初步构想。第五章讨论国际温室气体减排责任分担背景下中国的应对策略，在总结中国现有减排努力的基础上，提出长期全球减排目标下中国的应对策略。

（二）研究方法

本书综合使用了比较研究法、历史研究法、价值分析法、实证分析法等研究方法，对国际温室气体减排责任分担机制的相关问题进行研究。第一，在比较研究方面，笔者在比较各国研究机构和学者提出的国际温室气体减排责任分担方案之后，发现现有分担方案存在的不足，继而提出建立新型国际温室气体减排责任分担方案的建议。第二，在历史研究方面，笔者分析了历届《公约》缔约方会议对责任分担相关谈判的历史，总结出现在国际气候谈判在责任分担方面的进展及争议点。第三，在价值分析方面，笔者分析了国际温室气体减排责任分担机制背后蕴涵的价值理念，为后文的基本原则和分担方案等奠定了理论基础。第四，在实证分析方面，笔者对实践中应用的京都模式和欧洲内部三要素方法进行了实证分析，为新型责任分担方案提供了经验借鉴。

（三）创新之处

相对于现有的研究成果，本书的创新之处表现为以下几个方面。第一，提出"国际温室气体减排责任分担机制"的概念，并以此为题，对国际温室气体减排责任分担机制的公约规定、理论基础、构成要素、分担方案等内容进行了系统地分析。第二，提出判断是否成为国际温室气体减排责任分担基本原则的四个标准，并以此标准对学者提出的基本原则的各种观点进行筛选，最终得出只有"共同但有区别责任"原则和"人均平等排放权"原则才能作为国际温室气体减排责任分担的基本原则。第三，在分析责任分担机制的考量因素和衡量指标的基础上，提出建立一个综合人均累积排放指数、气候能力指数、气候脆弱性指数和国际贸易排放指数在内的综合性国际温室气体减排责任分担指数，并以此责任分担指数作为新型国际温室气体责任减排分担方案中确定各国减排责任的主要依据。

第一章

国际温室气体减排责任分担机制的源起

为了遏制全球气候变暖，就需要进行温室气体减排。鉴于温室气体减排与传统的生产方式、经济发展模式、生活方式，特别是能源利用方式存在着巨大的矛盾，有必要转变传统的生产方式、经济发展模式、能源利用方式和生活方式，使得社会、经济、生活和气候保护得以并行不悖地发展。这一转变过程需要相当大的经济投入，甚至会在一定阶段影响一个国家或地区的经济发展速度和居民生活水平的改善，因此谁来为这些成本买单，各国之间如何分担减排责任成为十分关键的问题。尽管世界各国对是否要遏制全球气候变暖基本达成一致，但对如何分担各国减排责任仍然分歧巨大，甚至存在看似难以调和的矛盾。在此背景下，国际温室气体减排责任分担机制应运而生。

第一节　国际温室气体减排责任分担机制概述

研究国际温室气体减排责任分担机制，首先需要对国际温室气体减排责任分担机制的概念进行分析。理解国际温室气体减排责任分担机制的概念，需要对温室气体进行一个法律界定，并分析温室气体减排责任的性质、机制的概念，进而了解国际温室气体减排责任分担机制的涵义。

一、温室气体减排责任相关概念

（一）温室气体的界定

根据《公约》的定义，"温室气体"（Greenhouse Gases，以下简称 GHG）是指"大气中那些吸收和重新放出红外辐射的自然的和人为的气态成分"[1]。与此相联系，"排放"是指"温室气体和/或其前体在一个特定地区和时期内向大气的释放"[2]。而《京都议定书》附件 A 则将温室气体列为以下六种：二氧化碳（CO_2）、甲烷（CH_4）、氧化亚氮（N_2O）、氢氟碳化物（HFCS）、全氟化碳（PFCS）、六氟化硫（SF_6）。《京都议定书》第 3.1 条规定在 2008 ~ 2012 年承诺期内的减排承诺就是针对"附件 A 中所列温室气体的人为二氧化碳当量排放总量"。根据 2012 年多哈气候会议通过的第 1/CMP. 8 号决定《多哈修正案》，除原有六种温室气体外，从《京都议定书》第二承诺期开始，温室气体还包括三氟化氮（NF_3）[3]。

根据 IPCC 第四次评估报告，[4]"温室气体"是指"大气中由自然或人为产生的能够吸收和释放地球表面、大气和云所射出的红外辐射谱段特定波长辐射的气体成分"。温室气体既包括地球大气中本身存在的水汽（H_2O）、二氧化碳（CO_2）、氧化亚氮（N_2O）、甲烷（CH_4）和臭氧（O_3）等温室气体，也包括完全由人为因素产生的温室气体，如《蒙特利尔协议》所涉及的卤烃和其他含氯和含溴物以及《京都议定书》规定的六种气体。

---

〔1〕《公约》第 1 条第 5 款。

〔2〕《公约》第 1 条第 4 款。

〔3〕 见第 1/CMP. 8 号决定（根据《京都议定书》第 3 条第 9 款修正该议定书）。

〔4〕 IPCC Fourth Assessment Report：Climate Change 2007，Synthesis Report，http：// www. ipcc. ch/publications_ and_ data/ar4/syr/en/annexessglossary - e - i. html.

比较 IPCC 和《京都议定书》对温室气体的界定，可以看出两者在内涵界定上是相似的，但在外延界定上有所不同。《京都议定书》中界定的温室气体仅限于由人为因素产生的温室气体，既不包括大气中本身存在的温室气体，也不包括《蒙特利尔协议》中已经规制的温室气体。

在温室气体的外延问题上有争议的一个问题是，黑碳是否应纳入温室气体排放清单。根据 IPCC 第四次评估报告，黑碳（black carbon，也称黑碳气溶胶）是由查尔森（Charlson）和海因茨伯格（Heintzenberg）于 1995 年最早提出，指"根据光线吸收性、化学活性和/或热稳定性等条件定义的气溶胶种类，包括煤烟、木炭和/或吸收光线的难熔的有机物"。黑碳通过直接效应改变地—气系统辐射平衡，并且其直接辐射强迫作用已经超过甲烷，成为大气中导致温室效应的仅次于二氧化碳的第二大重要成分。[1] 为此，近年来国际上许多专家呼吁将黑碳的排放列入温室气体排放清单。[2] 随着对黑碳科学研究的深入，如果科学家在黑碳是一种温室气体问题上达成基本共识，那么则可以通过《京都议定书》修正案的形式对附件 A 进行修正，增列黑碳为温室气体。[3]

（二）国际法中的责任

现代国际法中有关法律责任的名词主要有两个：responsibility 和 liability。[4] 在《布莱克法律词典》中，liability 一词的含义是"可通过民事救济或刑罚加以实施的对另一方或对社会的法律责任"，而 responsibility 的第一词义是"liability"，第二词义是刑事责

〔1〕 穆燕等："黑碳的研究历史与现状"，载《海洋地质与第四纪地质》2001 年第 1 期，第 145 页。

〔2〕 张华、王志立："黑碳气溶胶气候效应的研究进展"，载《气候变化研究进展》2009 年第 6 期，第 315 页。

〔3〕 这种做法已有一个先例，2006 年《京都议定书》缔约方会议第 10 次全体会议上（CMP2）即通过《京都议定书》修正案的方式，将白俄罗斯增列入《京都议定书》附件 B。

〔4〕 王曦：《国际环境法》，法律出版社 2005 年版，第 135 页。

任能力。单从英文词义上很难区分两个词的区别。从《联合国海洋法公约》、《里约环境与发展宣言》等国际法文件中看，responsibility 的含义侧重于国家的基本责任或义务，liability 侧重于国家违反基本责任或义务的法律后果的说法。[1]

《公约》和《京都议定书》使用 responsibility 一词来表示责任，而未使用 liability。这主要是因为由于气候变化导致损害性后果的因果关系不明确，而违反气候变化国际责任的法律后果也颇有争议。在《公约》和《京都议定书》的文本中，responsibility（responsibilities）共出现了 12 次。其中，4 次用于"共同但有区别责任"原则中，4 次用于"考虑到缔约方的有差别的情况、责任和能力"中，2 次用于"各自履行义务的责任"，1 次用于有责任确保在其管辖或控制范围内的活动不对其他国家的环境或国家管辖范围以外地区的环境造成损害，1 次用于指附件一缔约方的责任。相比之下，liability 一词在《公约》和《京都议定书》中均未出现。这说明在气候变化国际法中，更侧重的是国家的基本责任或义务，而非违反基本责任或义务的法律后果。

另外，从国际责任的种类划分上，也可以对 responsibility 和 liability 作进一步区分。根据国际法委员会的报告，国际责任可以分为初级或主要规则（primary rules）和次级规则（secondary rules），其中初级规则是"一国根据国际法应当承担的义务的规则"，而次级规则是用于判定一国是否违反国际法的初级规则规定的国际义务以及违反该国际义务所致法律后果的规则。[2] 在气候变化国际法中，有关各国温室气体减排义务、报告国家信息义务、资金援助和技术转让义务的规定均属于初级规则，而有关不遵约法律后果的规则属于次级规则。由于对违反气候变化国际法规定的义务产生的法律后果难以界定和执行，目前气候变化国际法中规定多为初级

〔1〕 王曦：《国际环境法》，法律出版社 2005 年版，第 136 页。
〔2〕 王曦：《国际环境法》，法律出版社 2005 年版，第 137~140 页。

规则。

（三）国际法中的国家责任

传统国际法上的国家责任仅针对国际不法行为。它指的是当一个国际法主体从事了违反国际法规则的行为，或者说，当一个国家违反了自己所承担的国际义务时，在国际法上应承担的责任。简言之，国家责任是"国家对其国际不法行为所承担的责任"。[1] 1949年，在联合国国际法委员会的第一届会议上，"国家责任"（state responsibility）被列为国际法委员会逐渐发展和编纂国际法工作的议题之一。[2] 2001年，国际法委员会完成了《关于国家不法行为的国家责任草案》的二读。2002年，联合国大会第56次大会通过了《关于国家不法行为的国家责任草案》的决议（A/RES/56/83）。

由于现代高科技的迅猛发展，各国或国际组织在工业生产、原子能利用、外空探索及海底开发等活动中经常造成跨界的污染和损害。针对这种现象，为了适应新的现实，作为传统国家责任制度的补充和发展，国家赔偿责任制度（包括国际法不加禁止行为的国家责任）便应运而生了。相应地，国家责任的定义被重新表述为国家对其"国际不法行为或损害行为所应承担的国际法律责任"。[3]

1978年，国际法委员会的第三十届会议将"国际法不加禁止的行为所产生的损害性后果的国际责任"列为逐步发展和编纂国际法工作的议题。[4] 1998年，国际法委员会第五十届会议一读通过了共17条的《关于预防危险活动的跨界损害的条款草案》。2004年，国际法委员会第五十六届会议一读通过了共有8条的《关于危险活动的跨界损害的损失分配的原则草案》。

值得注意的是，针对国际不法行为和国际法不加禁止行为引起

〔1〕 周忠海等:《国际法述评》，法律出版社2001年版，第455页。
〔2〕 王曦:《国际环境法》，法律出版社2005年版，第137页。
〔3〕 周忠海等:《国际法述评》，法律出版社2001年版，第457页。
〔4〕 王曦:《国际环境法》，法律出版社2005年版，第137页。

的国家责任，国际法委员会分别采用了 responsibility 和 liability 两个词。对于这两个词的差别，国际法专家平托（M. C. W. Pinto）的总结是"responsibility 似乎是指某种不一定肯定会造成损害的事件发生前所存在的状态"，而国际法委员会特别报告员阿戈（Ago）认为"liability 一词含有表示赔偿的必要"[1] 因此，responsibility 更多地同国家的国际不法行为联系在一起使用，而 liability 则同国家和其他实体或个人的国际法不加禁止的行为所产生的损害性后果联系在一起使用。[2]

（四）温室气体减排责任

温室气体减排责任是国际环境法中的一项国家责任。国际环境法中一个公认的基本原则就是"不损害他国环境责任原则"（或称"国家应对国际环境损害承担责任原则"、"国家资源开发主权权利和不损害国外环境原则"）[3] 这一原则源于古罗马法中的"使用自己的财产以不损害他人财产为限"（*sic utere tuo ut alienum non laedas*）原则，并在 1972 年的《斯德哥尔摩宣言》和 1992 年的《里约宣言》中得以确认。[4] 在气候变化国际法领域，这一原则意味着国家应承担采取应对气候变化措施避免对他国环境构成损害的责任，因而温室气体减排责任构成一种国家责任。

那么，温室气体减排责任所对应的温室气体排放行为是一种国际不法行为还是国际法不加禁止行为呢？笔者认为，依据《公约》和《京都议定书》等气候变化国际法文件的规定，对于有强制减排义务的发达国家而言，超出该限制的排放额度而排放温室气体视为

〔1〕 龚微："气候变化国际合作中的差别待遇初探"，载《法学评论》2010 年第 4 期，第 82 ~ 83 页。

〔2〕 王曦：《国际环境法》，法律出版社 2005 年版，第 137 页。

〔3〕 参见马骧聪主编：《国际环境法导论》，社会科学文献出版社 1994 年版，第 49 页。王曦：《国际环境法》，法律出版社 2005 年版，第 94 页。徐祥民、孟庆垒等：《国际环境法基本原则研究》，中国环境科学出版社 2008 年版，第 98 页。

〔4〕 Robert V. Percival, "Liability for Environmental Harm and Emerging Global Environmental Law", 25 *Maryland Journal of International Law* 37, p. 38.

国际不法行为；对于目前还未规定强制减排义务的发展中国家而言，排放温室气体行为仍视为一种国际法不加禁止行为。

温室气体减排责任主要涉及的是气候变化领域减缓议题下的责任。在气候变化谈判方面，除资金和技术议题外，主要有减缓和适应两大类议题。根据 IPCC 第四次评估报告中的定义，减缓"旨在减少源投入和单位产出排放的技术变化和替代"，它"意味着实施有关减少温室气体排放并增强汇的各项政策"；而适应指的是"为降低自然系统和人类系统对实际的或预计的气候变化影响的脆弱性而提出的倡议和采取的措施。"[1] 虽然在适应议题下也存在国家责任，但是适应责任不作为本书研究的重点。

（五）温室气体减排义务

责任与义务相连，温室气体减排责任源于温室气体减排的国际义务，即《公约》和《京都议定书》等气候变化国际法文件中对温室气体减排义务的相关规定。《公约》和《京都议定书》里涉及两个与"义务"相关的用语：一个是一般国际法文件规定的"义务"（obligation），另一个是"承诺"（commitment）。根据《布莱克法律词典》，obligation 指的是"可以做某事或不做某事的法律或道德义务"，而不论这种义务是来源于法律、合同、允诺、社会关系、谦恭、好意或道德；[2] 而 commitment 是指"在未来做某事的协定"。[3] 可见，obligation 着重于现有的应切实履行的义务，而 commitment 侧重为将来实现某项目标而达成一致意见。

在《公约》中，commitment 专指《公约》第 4 条规定的承诺。其中，既包括所有缔约方的承诺，如制定国家清单、采取减缓措施、适应气候变化、进行影响评估、加强科学研究等；也包括附件

---

〔1〕 见 IPCC 第四次评估报告《综合报告》之术语表。

〔2〕 Bryan A. Garner ed. , *Black's Law Dictionary*, 8th edition, Thomson West, 2004, p. 1104.

〔3〕 Bryan A. Garner ed. , *Black's Law Dictionary*, 8th edition, Thomson West, 2004, p. 288.

一缔约方通过限制人为的温室气体排放减缓气候变化的承诺，附件二所列的发达国家缔约方和其他发达缔约方提供资金援助和技术转让的承诺等。《京都议定书》第 3.1 条进一步将《公约》第 4 条附件一缔约方的承诺进行量化，规定附件一所列缔约方应个别地或共同地确保其温室气体排放总量不超过量化限制。对于减排承诺之外的其他义务，如《公约》第 12 条提供有关履行的信息的义务，《公约》和《京都议定书》都使用了 obligation 一词。

将 obligation 和 commitment 进行区分的意义在于，obligation 是由《公约》规定而必须履行的义务，而 commitment 则给予了缔约方一定的自由裁量权，缔约方可以自由选择是否加入受其约束。例如，《京都议定书》第 25 条规定其生效条件是，获得 55 个以上且占到排放总量的 55% 缔约方的签署通过。这一规定就体现了各缔约方一定程度的自愿性，美国不签署《京都议定书》也是因为不同意《京都议定书》中的 commitment，不愿受其强制约束。

二、国际温室气体减排责任分担机制的概念

上文已经论述了温室气体减排责任的相关概念，这里主要结合"机制"的概念阐释"国际温室气体减排责任分担机制"的概念。

（一）机制的概念

"机制"原指机器的构造和工作原理，它常与"制度"一词混用。机制的英文为 mechanism，在《英汉法律用语大词典》中，mechanism 意为"机制、方法、措施、手段"。根据《现代汉语词典》的解释，"机制"包含以下几方面的含义：①机器的构造和工作原理，如计算机的机制；②机体的构造、功能和相互关系，如动脉硬化的机制；③指某些自然现象的物理、化学规律，如优选法中优化对象的机制，也叫机理；④泛指一个工作系统的组织或部分之间相互作用的过程和方式，如市场机制、竞争机制。[1]《现代汉语

---

〔1〕 中国社会科学院语言研究所词典编辑室编：《现代汉语词典》，商务印书馆2005 年版，第 628 页。

词典》对"制度"的释义为：①要求大家共同遵守的办事规程或行动准则，如工作机制、财政机制；②在一定历史条件下形成的政治、经济、文化等方面的体系，如社会主义制度、封建宗法制度。[1]

从字面上看，机制可以分解为机构和制度两部分。从字义上看，机制注重偏动态的各组成部分的相互作用，而制度注重偏静态的规则内容。另外，机制还包括对制度和机构之间联结的原理的说明，研究机制比研究制度更全面和深入。因此本书选用了机制的概念，而未采用制度的提法。[2]

（二）国际温室气体减排责任分担机制的定义

结合前文对"国际温室气体减排责任"和"机制"两个概念的论述，本书将"国际温室气体减排责任分担机制"定义为在国际应对气候变化领域，由国际社会根据《公约》、《京都议定书》等气候变化国际法文件的规定，以国际温室气体减排责任分担基本原则为指导，旨在公平、有效地分担各国的温室气体减排责任的法律机制的总称。这个定义包含以下几方面的涵义：

第一，国际温室气体减排责任分担机制是一种国际应对气候变化法律机制。目前在国际气候变化领域，已形成温室气体减排责任分担机制、碳排放贸易、清洁发展机制、联合履行机制、遵约机制、技术转让机制、资金援助机制等各种法律机制。与其他国际应对气候变化法律机制相比，国际温室气体减排责任分担机制具有基础性的地位，这是因为减排承诺是《公约》和《京都议定书》的核心规定，如何分配各国的减排责任将影响到其他法律机制的运行。可以说，国际温室气体减排责任分担机制是国际应对气候变化法律机制中最重要的组成部分。

---

〔1〕 中国社会科学院语言研究所词典编辑室编：《现代汉语词典》，商务印书馆2005年版，第1756页。

〔2〕 杜万平：《环境行政权的监督机制研究》，武汉大学2005年博士学位论文，第18~19页。

第二，国际温室气体减排责任分担机制的依据为《公约》、《京都议定书》等气候变化国际法文件。国际温室气体减排责任分担机制是一项法律机制，其依据必须是各国已经达成的各项气候变化国际法文件。脱离了这些气候变化国际法文件，国际温室气体减排责任分担机制就成了无本之木、无源之水。

第三，国际温室气体减排责任分担机制以国际温室气体减排责任分担的基本原则为指导。国际温室气体减排责任分担的基本原则是贯穿于国际温室气体减排责任分担机制中起指导作用的根本的或主要的准则。基本原则是国际温室气体减排责任分担机制的基石，也是构建国际温室气体减排责任分担方案的准则和基础。

第四，国际温室气体减排责任分担机制旨在公平、有效地分担各国的温室气体减排责任。建立国际温室气体减排责任分担机制的目的在于，明确合理分配各国的减排责任，促进国家之间相互合作共同应对气候变化，实现《公约》规定的最终目标，即将大气温室气体的浓度稳定在防止气候系统受到危险的人为干扰的水平上。

第二节　国际温室气体减排责任分担机制的发展

温室气体减排责任分担是国际气候变化法律机制的基本问题，也是历届缔约方会议谈判的重点内容。《京都议定书》第一承诺期已经结束，国际社会亟须达成一个新的全球温室气体减排协议。在新的全球减排协议中，减排责任分担是最核心的问题。近年来，各国在减排责任分担问题上的矛盾日益突显，有关的气候谈判和磋商也愈来愈激烈，但是各国始终不能达成一致意见。为了促成国际社会达成新的减排协议、了解各国的分歧所在，有必要回顾历届公约谈判在责任分担问题上的进展。同时，《公约》和《京都议定书》等气候变化国际法文件的文本是国际气候谈判的基础和依据，也有必要分析现有国际气候文件中对减排责任分担的相关规定，明确各缔约方已经达成的共识。因而，本节拟从历史研究和文本分析两个角度梳理国际温室气体减排责任分担机制的发展历史和现状。

一、历届公约谈判进展

《联合国气候变化框架公约》（United Nations Framework Convention on Climate Change，以下简称《公约》或 UNFCCC）是 1992年 5 月 22 日联合国政府间谈判委员会就气候变化问题达成的公约，并于 1992 年 6 月 4 日在巴西里约热内卢举行的联合国环境与发展大会上通过。这是气候变化国际法发展的起点。从 1992 年里约环境与发展大会上通过《公约》之后，气候变化国际法历经了二十多年的发展历史。自 1995 开始，《公约》缔约方会议每年举行一次，至今已成功举办了 19 次。

在《公约》之外，最重要的法律文本就是《京都议定书》。以《京都议定书》的通过和生效为分界点，可以将公约谈判历史分为以下三个阶段：从《公约》生效到《京都议定书》通过，从《京都议定书》通过到《京都议定书》生效，从《京都议定书》生效至今。

（一）从《公约》生效到《京都议定书》通过

1994 年 3 月 21 日，《公约》正式生效。这是气候变化领域的第一个国际性公约，具有划时代意义。然而，该《公约》仅为一个框架性公约，基本不具有可操作性，并且《公约》存在一个致命的弱点——未对缔约方规定具体明确的、实质性的减排义务，这为日后《京都议定书》的出台植下了萌芽。

1995 年 3 月 28 日至 4 月 7 日，《公约》第一次缔约方会议（COP1）在德国柏林举行。COP1 上通过《柏林授权：审查〈公约〉第 4 条第 2 款（a）项和（b）项是否充足，包括关于议定书的提案和关于后续行动的决定》（以下简称《柏林授权》或 Berlin Mandate）。在《柏林授权》中，缔约方一致同意"开始一个进程以使其能够为 2000 年以后的阶段采取适当行动，包括通过一项议定书或另外一种法律文书，以加强附件一所列缔约方在第 4 条第 2

款（a）项和（b）项中的承诺。"〔1〕《公约》第4条第2款（a）项规定，附件一所列缔约方"应制定国家政策和采取相应的措施，通过限制其人为的温室气体排放以及保护和增强其温室气体库和汇，减缓气候变化"。《公约》第4条第2款（b）项规定，此类缔约方应定期就上述政策和措施提供详细信息，由缔约方会议定期加以审评。《柏林授权》将制定《公约》的议定书以加强附件一所列缔约方减排承诺正式纳入了《公约》缔约方会议的日程。同时，《柏林授权》第2条第2（b）款强调此进程"对附件一未包括的缔约方不引入任何新的承诺"。

1996年7月8日至19日，《公约》第二次缔约方会议（COP2）在瑞士日内瓦举行。COP2注意到《日内瓦部长级宣言》（The Geneva Ministerial Declaration），并同意将其作为会议报告的附件。〔2〕《日内瓦部长级宣言》只采用"注意到（took note of）"而未使用"通过（adopted）"的用词，并且以附件（annex）形式而非缔约方会议决定（decision）的形式出现，主要原因在于各缔约方在此宣言上还未达成完全一致，澳大利亚、美国、新西兰、沙特阿拉伯、委内瑞拉、俄罗斯、萨摩亚等国对宣言草案中的一些规定和措施还存在不同意见。〔3〕《日内瓦部长级宣言》中承认IPCC第二次评估报告中的部分内容，注意到包括附件一缔约方在内的所有缔约方都需要进一步努力克服困难，使2000年的温室气体排放恢复到1990年水平。《日内瓦部长级宣言》还提示代表加速关于一项具有法律约束力的议定书的谈判，这为《京都议定书》的出台奠定了基础。

1997年12月1日至11日，《公约》第三次缔约方会议（COP3）在日本京都举行。COP3上取得的一大进展就是通过了《京都议定

---

〔1〕 见《缔约方会议第一届会议报告》第1/CP.1号决定《柏林授权：审查〈公约〉第4条第2款（a）项和（b）项是否充足，包括关于议定书的提案和关于后续行动的决定》，序言。

〔2〕 FCCC/CP/1996/15/Add.1，第70页。

〔3〕 FCCC/CP/1996/15，附件四。

书》。《京都议定书》第 3 条第 1 款明确了附件一缔约方温室气体减排的量化承诺，第 25 条规定了议定书的生效条件，附件 B 以列表的方式明确了附件一缔约方量化的限制或减少排放的承诺。在 COP3 上，缔约方会议决定将第二次审评《公约》第 4 条第 2 款（a）和（b）项是否充足问题列入 COP4 会议议程。COP3 会议报告附件以列表的方式列明了附件一缔约方 1990 年二氧化碳排放总量及所占百分比。[1] 这次会议还决定将巴西《关于气候变化框架公约议定书的几个设想要点》的提案（"巴西提案"）交由附属科技咨询机构提出咨询意见。[2]

（二）从《京都议定书》通过到《京都议定书》生效

在《京都议定书》通过之后，缔约方开始签署《京都议定书》。从《京都议定书》通过到《京都议定书》生效，历经了长达八年的时间。

1998 年 11 月 2 日至 14 日，《公约》第四次缔约方会议（COP4）在阿根廷布宜诺斯艾利斯举行。COP4 的最大成就是通过《布宜诺斯艾利斯行动计划》（BAPA）。该计划为达成《京都议定书》操作细则制定了一个时间表，决心在资金机制、技术的开发与转让、对发展中国家的特别关注、灵活机制、遵约等方面取得重大进展。[3] COP4 还注意到，附属科技咨询机构就"巴西提案"要求巴西提供相关研讨会资料，并决定在第十届会议继续审议"巴西提案"中的科学和方法问题。[4]

1999 年 10 月 25 日至 11 月 5 日，《公约》第五次缔约方会议（COP5）在德国波恩举行。COP5 回顾了《布宜诺斯艾利斯行动计

---

〔1〕 FCCC/CP/1997/7/Add. 1，附件。

〔2〕 FCCC/AGBM/1997/MISC. 1/Add. 3，http：//unfccc. int/cop4/resource/docs/1997/agbm/misc01a3. htm.

〔3〕 见《缔约方会议第四届会议报告》第 1/CP. 4 号决定《布宜诺斯艾利斯行动计划》。

〔4〕 FCCC/SBSTA/1998/9，第 29 段。

划》的执行情况，并就国家信息通报编制指南、研究和系统观测、技术的开发与转让、能力建设、遵约等问题作出决定。COP5 还注意到附属科技咨询机构第十一届会议关于"巴西提案"的结论，[1]"巴西提案"已有订正案文，要求就此问题开展进一步工作。[2]

2000 年 11 月 13 日至 25 日，《公约》第六次缔约方会议（COP6）在荷兰海牙举行。本来预期海牙会议为《布宜诺斯艾利斯行动计划》的执行画上一个圆满的句号，并为"京都灵活三机制"的具体实施设定详细规则和规范碳汇的使用。[3] 但由于美欧之间及发达国家与发展中国家之间立场相距甚远，大会谈判比预想的艰难许多，各国在不遵约程序的组织机构、法律后果等方面的意见分歧巨大。[4] 最终，谈判各方未能达成协议，大会决定召开《公约》第六次缔约方会议的续会继续谈判与磋商。[5] 2001 年 3 月，美国总统布什宣布美国将退出《京都议定书》的谈判。在此背景下，同年 7 月 16 日至 27 日在波恩举行的《公约》第六次缔约方会议续会（COP6 - II）上，各缔约方展开了极其艰苦的谈判。[6] 尽管此次会议原先并不被各方看好，然而波恩会议在各方争执的核心议题上打破了僵局，取得了出人意料的成功。[7] 最终，大会通过了《执行〈布宜诺斯艾利斯行动计划〉的波恩协定》（以下简称《波恩协定》或 Bonn Agreement）。《波恩协定》附件是执行《布宜诺斯艾利斯行动计划》的核心内容，具体包括供资、技术开发和转让、灵活机

---

〔1〕 FCCC/SBSTA/1999/14，第 9 节 E 小节。

〔2〕 FCCC/CP/1999/6/Add. 1，第 54 页。

〔3〕 何大鸣：《国际气候谈判研究》，中国经济出版社 2012 年版，第 30 页。

〔4〕 陈迎、庄贵阳："《京都议定书》的前途及其国际经济和政治影响"，载《世界经济与政治》2001 年第 6 期，第 45 页。

〔5〕 杨兴：《〈气候变化框架公约研究〉——国际法与比较法的视角》，中国法制出版社 2007 年版，第 202 页。

〔6〕 鲁远："波恩会议取得的成果及影响分析"，载《环境保护》2001 年第 9 期，第 36 页。

〔7〕 何大鸣：《国际气候谈判研究》，中国经济出版社 2012 年版，第 30~31 页。

制、LULUCF（土地使用、土地使用的变化和林业）、遵约等方面的内容。

2001 年 10 月 29 日至 11 月 10 日，《公约》第七次缔约方会议（COP7）在摩洛哥马拉喀什举行。会议的主要任务是完成《波恩协定》遗留的技术性谈判，明确缔约各方所应承担的义务，以便促使《京都议定书》早日生效。[1] 经过艰苦磋商，大会以一揽子方式通过了《马拉喀什协议》（Marrakech Accords），其中包括 23 项决定，这为《京都议定书》的生效铺平了道路。其中，第 2/CP.7 号决定通过了发展中国家能力建设框架，用以指导与执行《公约》及有效参与《京都议定书》进程有关的能力建设活动，以便协助发展中国家执行《公约》和有效参与《京都议定书》进程；第 15/CP.7 号决定是对《京都议定书》第 6、12、17 条规定的机制的原则、性质和范围；第 16/CP.7 号决定是执行《京都议定书》第 6 条的指南；第 17/CP.7 号决定是《京都议定书》第 12 条确定的清洁发展机制的方式和程序；第 18/CP.7 号决定是《京都议定书》第 17 条规定的排放量贸易的方式、规则和指南。

2002 年 10 月 23 日至 11 月 1 日，《公约》第八次缔约方会议（COP8）在印度新德里举行。经过中国、印度等发展中大国的努力，会议最后通过了《关于气候变化与可持续发展的德里部长宣言》（以下简称《德里宣言》或 The Deli Ministerial Declaration）。《德里宣言》注意到 IPCC 第三次评估报告的结论，确认为实现《公约》的最终目标，必须大幅度减少全球温室气体排放量，在满足可持续发展要求的同时应对气候变化及其不利影响。[2]《德里宣言》将气候变化和可持续发展两个问题紧密连接起来，标志着国际社会对气候问题的本质的认识进一步深化，对于指引今后的气候变

---

〔1〕 何大鸣：《国际气候谈判研究》，中国经济出版社 2012 年版，第 34 页。

〔2〕 FCCC/CP/2002/7/Add.1，第 1/CP.8 号决定。

化谈判方向具有重大意义。[1] 该宣言还强烈呼吁那些尚未批准《京都议定书》的国家批准该议定书，并强调应对气候变化必须在可持续发展的框架内进行。[2]

2003 年 12 月 1 日至 12 日，《公约》第九次缔约方会议（COP9）在意大利米兰举行。COP9 基本处于过渡和徘徊状态，因为国际社会在观望《京都议定书》是否能生效，谈判不甚激烈。[3] 加之美国、俄罗斯、澳大利亚等国对《京都议定书》持消极态度，会议仅就确定和完善实施《京都议定书》所需的一些技术规则开展了谈判，在发展中国家所关心的技术开发与转让、能力建设等问题上未取得实质性进展。[4]

2004 年 10 月 22 日，俄罗斯国家杜马以 334 票赞成、73 票反对和 18 票弃权的结果通过了批准《京都议定书》的决议，使得《京都议定书》在通向国际法道路上得以起死回生。[5] 2004 年 12 月 6 日至 18 日在阿根廷布宜诺斯艾利斯召开的《公约》第十次缔约方会议（COP10）处于一个转折阶段。由于俄罗斯的批准加入，此前国际社会失望、观望的情绪有所缓解，但 COP10 又没有为后京都议程的谈判作好准备，[6] 因而，会前被寄予厚望的 COP10 在一些关键议程的谈判上还是未取得显著进展。[7] 在适应和减缓方面，大会第 1/CP. 10 号决定通过了《关于适应和应对措施的布宜诺

---

〔1〕 何大鸣：《国际气候谈判研究》，中国经济出版社 2012 年版，第 38 页。

〔2〕 熊昌义："联合国气候变化大会通过《德里宣言》"，载《人民日报》2002 年 11 月 3 日。

〔3〕 涂瑞和："《联合国气候变化框架公约》与《京都议定书》及其谈判进程"，载《环境保护》2005 年第 3 期，第 67 页。

〔4〕 杨爱国："《联合国气候变化框架公约》大会闭幕"，载中国清洁发展机制网，http：//cdm. ccchina. gov. cn/web/NewsInfo. asp？NewsId = 93.

〔5〕 何大鸣：《国际气候谈判研究》，中国经济出版社 2012 年版，第 39 页。

〔6〕 涂瑞和："《联合国气候变化框架公约》与《京都议定书》及其谈判进程"，载《环境保护》2005 年第 3 期，第 67 页。

〔7〕 曹宇："应对全球气候变化依然任重道远"，载中国网，http：//www. china. com. cn/chinese/HIAW/732553. htm.

斯艾利斯工作方案》。

（三）《京都议定书》生效至今

尽管美国一直拒签《京都议定书》，但是在其他国家的共同努力下，2005年2月16日，《京都议定书》终于艰难生效了。《京都议定书》的生效并实施，是人类社会第一次针对重大环境问题对发达国家提出定量约束指标，这将对促进建立全球环境管理体系和机制具有重大的、里程碑式的意义。[1]

2005年11月28日至12月10日，《京都议定书》生效后的第一次大会——《公约》第十一次缔约方会议（COP11）暨《京都议定书》第一次缔约方大会（CMP1）在加拿大蒙特利尔召开。本届大会是气候变化领域一次具有里程碑意义的历史性大会，被国际社会寄予厚望。[2] 蒙特利尔会议确定了一条双轨谈判路线：在《京都议定书》框架下的缔约方将启动完善议定书体制的谈判进程，而《公约》缔约方就2012年以后温室气体减排的长期战略和行动计划展开磋商。[3] COP11上通过的第1/CP.11号决定《关于加强执行〈公约〉应对气候变化的长期合作行动的对话》标志着《公约》缔约方开始关注长期合作行动，决定中强调"对话的形式为公开和无约束力的交换意见、信息和设想，支持加强执行《公约》，不启动任何导致新承诺的谈判。"[4] CMP1顺利通过了《马拉喀什协议》中的绝大部分决议，形成27项决定。其中，第32/CMP.1号决定为"确定白俄罗斯的量化的减排承诺"，确认白俄罗斯希望将为其分配的2008~2012年承诺期内第3条之下限制和减少温室气体排放的量化承诺定为1990年水平95%的意向。

―――――――

〔1〕 黄勇："《京都议定书》生效后发展趋势及其影响——访中国人民大学环境学院副院长邹骥"，载《中国环境报》2004年10月27日。

〔2〕 任勇、田春秀、张孟衡："成功而具有重要意义的一次大会——COP11和COP/MOP1概述"，载《中国环境报》2006年1月13日。

〔3〕 何大鸣：《国际气候谈判研究》，中国经济出版社2012年版，第43页。

〔4〕 FCCC/CP/2005/5/Add.1，第1/CP.11号决定。

2006 年 11 月 6 日至 17 日,《公约》第十二次缔约方会议 (COP12)暨《京都议定书》第二次缔约方大会（CMP2）在肯尼亚内罗毕举行。这次会议的核心问题是,在第一承诺期（2008～2012年）已承担二氧化碳减排任务的发达国家如何继续减排,而在 2008 年前不承担减排义务的发展中国家如何加入减排的行列[1]。由于双方在此问题上分歧严重,本次会议未取得重大进展,仅在少数领域通过一些决定。COP12 通过了关于气候变化特别基金、资金机制审评、全球环境基金、能力建设、技术的开发和转让等方面的决定。CMP2 通过了关于联合履行、遵约委员会、适应基金、能力建设、审评议定书、森林管理等方面的决定。

2007 年 12 月 3 日至 15 日,《公约》第十三次缔约方会议 (COP13)暨《京都议定书》第三次缔约方大会（CMP3）在印度尼西亚巴厘举行。此次大会的主要目的是为 2009 年年底之前的应对全球变暖谈判确立明确的议题和时间表。作为唯一未加入《京都议定书》的发达国家,美国强烈反对设定具体的减排目标,同时要求发展中国家承诺减排,日本和加拿大等国支持美国的立场。在欧盟的强硬态度并作出一定妥协的背景下,美国在大会的最后一刻接受了《巴厘岛行动计划》（也称“巴厘路线图”）。“巴厘路线图”来之不易,具有里程碑意义。它首次将美国纳入减缓全球变暖的未来协议的谈判进程之中,要求所有发达国家都必须履行可测量、可报告、可核实（MRV）的温室气体减排责任,同时强调必须重视适应气候变化、技术开发和转让、资金三大问题。[2]《巴厘岛行动计划》认识到实现《公约》最终目标将要求大幅度减少全球排放量,并强调迫切需要如 IPCC 第四次评估报告所示处理气候变化,启动一个全面进程,以通过目前、2012 年之前和 2012 年以后的长期合作行动,充分、有效和持续地执行《公约》。CMP3 通过了关

---

〔1〕 何大鸣:《国际气候谈判研究》,中国经济出版社 2012 年版,第 44 页。

〔2〕 何大鸣:《国际气候谈判研究》,中国经济出版社 2012 年版,第 45 页。

于适应基金、清洁发展机制、联合履行、第二次审查议定书、遵约、LULUCF 等方面的决定。

2008 年 12 月 1 日至 12 日,《公约》第十四次缔约方会议（COP14）暨《京都议定书》第四次缔约方大会（CMP4）在波兰波兹南召开。由于美国次债危机的爆发转移了国际注意力,此次会议并未达成任何实质性成果。[1] COP14 通过了《推进〈巴厘岛行动计划〉》的第 1/CP. 14 号决定,决心在 COP15 上通过一项关于充分、有效和持续执行《公约》的决定。CMP4 就适应基金、清洁发展机制、遵约委员会、发展中国家的能力建设等方面通过决定。

2009 年 7 日至 19 日,《公约》第十五次缔约方会议（COP15）暨《京都议定书》第五次缔约方大会（CMP5）在丹麦哥本哈根召开。此次会议被喻为"拯救人类的最后一次会议",来自 192 个国家的环境部长和超过 130 位国家和国际组织领导人出席了此次大会。会议争论的焦点问题包括：实行双轨制还是并轨制,长远目标的设定,发达国家的中期减排目标,资金问题,"三可"问题。[2] 经过两周的艰苦谈判,哥本哈根会议并未取得任何重大进展。美国、中国、印度、南非、巴西领导人举行会谈,达成了一个不具备约束力的初步协议——《哥本哈根协议》（Copenhagen Accord）。[3] 但《哥本哈根协议》并未获得大会全面通过,大会仅仅是注意到（takes note of）《哥本哈根协议》。《哥本哈根协议》强调要按照共同但有区别的责任原则和各自能力,立即行动起来应对气候变化,认识到科学意见认为全球升温幅度应在 2℃ 以下,应在平等的基础上、在可持续发展的背景下,加强应对气候变化的长期合作行动。CMP5 通过附件一缔约方在《京都议定书》之下的进一步承诺问题特设工作组的工作结果,并对清洁发展机制、联合履行、适应基

〔1〕 何大鸣:《国际气候谈判研究》,中国经济出版社 2012 年版,第 46 页。
〔2〕 刘晗、李静:《气候变化视角下共同但有区别责任原则研究》,知识产权出版社 2012 年版,第 38~39 页。
〔3〕 何大鸣:《国际气候谈判研究》,中国经济出版社 2012 年版,第 46~47 页。

金、遵约委员会、能力建设、年度审评等内容作出决定。

2010 年 11 月 29 日至 12 月 10 日，《公约》第十六次缔约方会议（COP16）暨《京都议定书》第六次缔约方大会（CMP6）在墨西哥坎昆召开。COP16 通过了《坎昆协议》。为力求确保以平衡的方式取得进展，《坎昆协议》并不包括《公约》之下的长期合作行动问题特设工作组工作的所有方面，《坎昆协议》的任何内容都不预先判断未来一项具有法律约束力的结果的前景或内容，重申决心争取通过目前、2012 年之前和 2012 年以后的长期合作行动，充分、有效和持续地执行《公约》，以实现《公约》的最终目标。CMP6 就 LULUCF、适应基金、国家信息通报、能力建设、遵约委员会等问题通过决定。

2011 年 11 月 28 日至 12 月 11 日，《公约》第十七次缔约方会议（COP17）暨《京都议定书》第七次缔约方大会（CMP7）在南非德班召开。德班会议的主要议题包括：确定发达国家在《京都议定书》第二承诺期的量化减排指标；明确非《公约》发达国家与其他发达国家可比的减排承诺；落实资金、技术转让等方面的安排；细化"三可"和透明度的安排。[1] 最终，COP17 决定将《公约》之下的长期合作行动问题特设工作组的任务延长一年，使之能继续开展工作，决定建立德班加强行动平台特设工作组，并决定启动绿色气候基金。CMP7 决定《京都议定书》第二个承诺期从 2013 年 1 月 1 日起至 2017 年 12 月 31 日或 2020 年 12 月 31 日结束，结束日期有待附件一缔约方在《京都议定书》之下的进一步承诺问题特设工作组在第十七届会议上决定。

2012 年 11 月 26 日至 12 月 8 日，《公约》第十八次缔约方会议（COP18）暨《京都议定书》第八次缔约方大会（CMP8）在卡塔尔多哈召开。COP18 通过了有关根据《巴厘岛行动计划》达成的议

---

〔1〕 刘晗、李静：《气候变化视角下共同但有区别责任原则研究》，知识产权出版社 2012 年版，第 42 页。

定结果、推进德班平台、长期融资工作方案、绿色气候基金报告、资金机制审查等方面的决议。CMP8 就《京都议定书》第二个承诺期的期限达成了一致（即 2013 年 1 月 1 日开始至 2020 年 12 月 31 日结束），并通过了《京都议定书》的修正案（"多哈修正案"）。多哈会议是一次里程碑似的会议，其重要性在于承前启后，关闭 5 年前启动的巴厘路线图进程，开启旨在 2015 年达成所有缔约方均参与的新的协议谈判。当然，多哈会议也留下许多缺憾：参与第二承诺期的发达国家的减排目标未能确定，只能等到 2014 年再确定是否提高；没有参与第二承诺期的发达国家，并没有明确作出可比的减排目标承诺。[1]

2013 年 11 月 11 日至 23 日，《公约》第十九次缔约方会议（COP19）暨《京都议定书》第九次缔约方大会（CMP9）在波兰华沙召开。华沙会议的主要议题包括：一是争取落实此前多次气候大会的决议，二是探讨气候变化带来的损失与损害机制问题，三是为 2015 年将要签署的全球气候新协议搭建框架和奠定基础。最终，华沙会议主要取得三项成果：一是德班增强行动平台基本体现"共同但有区别的责任原则"；二是发达国家再次承认应出资支持发展中国家应对气候变化；三是就损失损害补偿机制问题达成初步协议，同意开启有关谈判。[2] 大会通过了进一步推进德班平台，华沙损失与危害国际机制，绿色气候基金的安排，长期资金工作计划、测量、报告和核实的模式等方面的决议。大会要求加强行动德班平台特设工作组进一步细化谈判草案的要素，并邀请所有缔约方开始或强化其余计划国家自主决定贡献的国内准备工作，以朝着实现《公约》第 2 条设定的目标努力。

---

〔1〕 潘家华："公平获取可持续发展"，载中国社会科学院财经战略研究院网，http：//naes. org. cn/article/22658.
〔2〕 新民晚报："华沙气候大会达成协议终闭幕 会议主要取得三项成果"，载中国新闻网，http：//finance. chinanews. com/ny/2013/11 - 24/5539839. shtml.

二、重要气候公约文件中的相关规定

在《公约》、《京都议定书》、《巴厘岛行动计划》、《哥本哈根协议》、《坎昆协议》等重要的国际气候文件中均涉及减排责任分担的规定。

（一）《公约》

《公约》由序言，26 条正文和 2 个附件组成。《公约》中涉及责任分担的条款包括：

第一，序言中"注意到历史上和目前全球温室气体排放的最大部分源自发达国家；发展中国家的人均排放仍相对较低；发展中国家在全球排放中所占的份额将会增加，以满足其社会和发展需要"。这说明发达国家应当对气候变化负担主要责任，而发展中国家为满足社会和发展需要，其占全球排放的比例或份额将增加，但是这里没有说明发展中国家的温室气体排放可以继续增长以满足经济发展的需要。

第二，序言中"承认气候变化的全球性，要求所有国家根据其共同但有区别的责任和各自的能力及其社会和经济条件，尽可能开展最广泛的合作，并参与有效和适当的国际应对行动"。这里明确提出了共同但有区别的责任，并提出两个主要区分要素：能力及社会和经济条件。

第三，序言中"并认识到地势低洼国家和其他小岛屿国家、拥有低洼沿海地区、干旱和半干旱地区或易受水灾、旱灾和沙漠化影响地区的国家以及具有脆弱的山区生态系统的发展中国家特别容易受到气候变化的不利影响"体现了对生态系统脆弱的小岛国和部分发展中国家的特殊情况的考虑。

第四，《公约》第3.1条"各缔约方应当在公平的基础上，并根据它们共同但有区别的责任和各自的能力，为人类当代和后代的利益保护气候系统。因此，发达国家缔约方应当率先对付气候变化及其不利影响"。这一条重申了序言中的共同但有区别的责任，并蕴含了代际正义的理念。

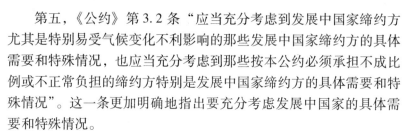

第五，《公约》第3.2条"应当充分考虑到发展中国家缔约方尤其是特别易受气候变化不利影响的那些发展中国家缔约方的具体需要和特殊情况，也应当充分考虑到那些按本公约必须承担不成比例或不正常负担的缔约方特别是发展中国家缔约方的具体需要和特殊情况"。这一条更加明确地指出要充分考虑发展中国家的具体需要和特殊情况。

（二）《京都议定书》

《公约》的性质是一个框架性公约，这使得《公约》中的很多规定仅仅是抽象的原则规定，不具有可操作性。为了进一步明确《公约》下各缔约方的义务，缔约方通过了《京都议定书》。《京都议定书》中与温室气体责任分担相关的规定包括：

第一，第3.1条规定，"附件一所列缔约方应个别地或共同地确保其在附件 A 中所列温室气体的人为二氧化碳当量排放总量不超过按照附件 B 中所载其量化的限制和减少排放的承诺和根据本条的规定所计算的其分配数量，以使其在 2008～2012 年承诺期内这些气体的全部排放量从 1990 年水平至少减少 5%。"这一条虽然没有明确采用共同但有区别责任原则的措辞，但其实质内容体现了共同但有区别责任原则。这是目前为止，对温室气体减排责任分担作出的最主要的规定。

第二，第3.7条规定了量化减排承诺的计算方法，即"从2008～2012 年第一个量化的限制和减少排放的承诺期内，附件一所列每一缔约方的分配数量应等于在附件 B 中对附件 A 所列温室气体在 1990 年或按照上述第 5 款确定的基准年或基准期内其人为二氧化碳当量的排放总量所载的其百分比乘以 5。土地利用变化和林业对其构成 1990 年温室气体排放净源的附件一所列那些缔约方，为计算其分配数量的目的，应在它们 1990 年排放基准年或基准期计入各种源的人为二氧化碳当量排放总量减去 1990 年土地利用变化产生的各种汇的清除"。

第三，第 10 条规定，"所有缔约方，考虑到它们的共同但有区别的责任以及它们特殊的国家和区域发展优先顺序、目标和情况，在不对未列入附件一的缔约方引入任何新的承诺，但重申依《公约》第 4 条第 1 款规定的现有承诺并继续促进履行这些承诺以实现可持续发展的情况下"。这一条重申了共同但有区别责任原则和对国家和区域发展优先顺序、目标和情况的考虑。

（三）《巴厘岛行动计划》

为了制定后京都时代的全球减排计划，《公约》第十三次缔约方大会（COP13）上达成《巴厘岛行动计划》。在《巴厘岛行动计划》中，缔约方决定"启动一个全面进程，以通过目前、2012 年之前和 2012 年以后的长期合作行动，充分、有效和持续地执行《公约》，争取在第十五届会议上达成议定结果并通过一项决定"。为此，缔约方应处理下列问题：

第一，"长期合作行动的共同愿景，包括一个长期的全球减排目标，以便根据《公约》的规定和原则，特别是共同但有区别的责任和各自能力的原则，并顾及社会经济条件和其他相关因素，实现《公约》的最终目标"。这一点要求缔约方达成一个包含全球减排目标在内的长期合作行动的共同愿景，并重申按照共同但有区别的责任和各自能力的原则，以及社会经济条件和其他相关因素。

第二，"加强缓解气候变化的国家/国际行动"，其中应考虑"包括所有发达国家缔约方量化的国家排放限度和减排目标在内的可衡量、可报告和可核实的适当国家缓解承诺或行动，同时在顾及它们国情差异的前提下确保各自努力之间的可比性"和"发展中国家缔约方在可持续发展方面可衡量和可报告的适当国家缓解行动，它们应得到以可衡量、可报告和可核实的方式提供的技术、资金和能力建设的支持和扶持"。这是关于核查减排行动的条款即 MRV 条款，缔约方在之后的谈判过程中对这一条款有很多争议。

（四）《哥本哈根协议》

《公约》第十五次缔约方大会（COP15）是全世界瞩目的一次世界气候大会。由于分歧过大，在谈判的最后一刻缔约方会议注意到（takes note of）《哥本哈根协议》。《哥本哈根协议》的性质更多是一份政治协议，而非缔约方大会全体通过的具有约束力的法律协议。整个《哥本哈根协议》只有 3 页，共 12 条。

第一，《哥本哈根协议》第 1 条首先重申了按照"共同但有区别的责任"原则和各自能力；立即行动起来应对气候变化。第 1 条还提出为实现《公约》的最终目标，"认识到科学意见认为全球升温幅度应在 2℃以下，我们应在平等的基础上，在可持续发展的背景下，加强应对气候变化的长期合作行动。我们承认气候变化的严重影响，并且承认应对措施对于在气候变化不利效应面前特别脆弱的国家的潜在影响，强调需要制订一项包含国际支助的全面的适应方案。"这一条确立了 2℃的升温限制，并提出"在公平的基础上"和"可持续发展的背景下"加强长期合作行动。

第二，《哥本哈根协议》第 2 条呼吁各国合作"争取尽快实现全球排放量和国家排放量封顶"，同时承认，"发展中国家实现排放量封顶将会需要较长的时间，并且铭记，经济及社会发展和消除贫困是发展中国家的首要和压倒一切的优先任务，而低排放发展战略则是可持续发展所不可或缺的"。这里第一次提出尽快实现全球排放量和国家排放量封顶（peaking），同时考虑发展中国家在此过程中的特殊性。

第三，《哥本哈根协议》第 5 条是对发展中国家 MRV 的条款。这一条规定非附件一缔约方的缓解行动将由本国各自加以衡量、报告和核实（domestic measurement, reporting and verification），其结果将通过国家信息通报每两年报告一次。非附件一缔约方须为此信息安排国际磋商和分析（international consultations and analysis）。对于得到国际支助的适合本国的缓解行动，将按照缔约方会议所通过的指南加以国际衡量、报告和核实（international measurement, reporting and verification）。而最不发达国家和小岛屿发展中国家可在得到支助的基础上自愿采取行动。这一条是发达国家和发展中国家在核查问题上相互妥协得到的结果。

（五）《坎昆协议》

经历哥本哈根气候谈判会议的争吵之后，在坎昆举行的《公约》第十六次缔约方大会（COP16）上，各国显得较为理性，最终达成了《坎昆协议》。《坎昆协议》由三个文本组成，分别是关于长期合作行动（LCA）,《京都议定书》和土地利用、土地利用的变化和林业（LULUCF）的规定。

第一，《坎昆协议：〈公约〉之下的长期合作问题特设工作组的工作结果》共 147 条。协议序言肯认了发展中国家在应对气候变化的过程中实现持续经济增长和消除穷困的合理需求（legitimate needs）。该协议的第 1 条提出应当在公平（equity）的基础上，依据共同但有区别的责任和各自的能力，采取长期合作行动，同时应依据《公约》的原则和规定，充分考虑各缔约方的不同情况，以平衡的、一体的、综合性的方式解决减缓、适应、资金、技术研发和转让、能力建设的问题。第 4 条重申了《哥本哈根协议》提出的 2℃的升温限制，并意识到要考虑 1.5℃升温的可能性。第 5 条回应了《巴厘岛行动计划》提出的全球长期目标，并在第十七届缔约方会议上讨论。第 6 条重申了缔约方应开展合作，争取实现全球和国家温室气体排放量封顶（peaking）,"同时承认，发展中国家实现排放量封顶将会需要较长的时间，并且铭记，社会和经济发展及消除贫困是发展中国家的首要和压倒一切的优先任务，而低碳发展战略则是可持续发展所不可或缺的。在这方面，进一步商定在最佳可得科学知识和公平获得可持续发展的基础上，努力确定温室气体排放量全球封顶（global peaking）的时间框架，并在缔约方会议第十七届会议上审议"。

第二，《坎昆协议：附件一缔约方在〈京都议定书〉之下的进一步承诺问题特设工作组第十五届会议的工作结果》共 6 条。该协议在序言中提出《京都议定书》附件一缔约方应当继续在应对气候变化行动中作出表率，并提出依据 IPCC 第四次评估报告，附件一缔约方作为整体就需借助它们可使用的办法以达到其减排指标，在

2020 年之前使其排放量降到比 1990 年水平低 25%～40% 的范围。该协议第 1 条规定，"同意附件一缔约方在《京都议定书》之下的进一步承诺问题特设工作组应根据第 1/CMP.1 号决定争取尽早及时完成工作，并将结果提交作为《京都议定书》缔约方会议的《公约》缔约方会议通过，以确保第一个承诺期与第二个承诺期之间不致间断"。第 5 条规定，"同意需进一步开展工作，将减排指标转换为量化的整体经济范围减排承诺（quantified economy-wide limitation or reduction commitments）"。

第三，《坎昆协议：土地利用、土地利用的变化和林业》共 7 条。该协议"请附件一缔约方在《京都议定书》之下的进一步承诺问题特设工作组，为酌情视可能纳入《京都议定书》之下的第二个承诺期为目的，及时审议是否应当对森林管理所致排放量和清除量实行一个上限，以及如何处理严重程度超出一缔约方控制且并非受该缔约方重要影响所致的非常事件"，"并请附件一缔约方在《京都议定书》之下的进一步承诺问题特设工作组继续审议准备在第二个承诺期运用的与《京都议定书》之下土地利用、土地利用的变化和林业活动有关的定义、模式、规则和指南。"

（六）"德班成果"

2011 年在南非德班举行的《公约》第十七次缔约方大会（COP17）是气候谈判的一个转折点。德班大会对以下两方面的差距表示严重关切："一方面是缔约方关于 2020 年之前全球温室气体年排放量的缓解保证的总合效果，另一方面是符合争取使与工业化前水平相比的全球平均升温幅度维持在 2℃ 或 1.5℃ 以下的可能性的总合排放路径"。为此，大会的第 1/CP.17 号决定（设立德班加强行动平台特设工作组）作出以下决议：

第一，决定将《公约》之下的长期合作行动问题特设工作组的任务延长一年，并以缔约方会议第十六、十七、十八届会议通过的决定为途径争取达成第 1/CP.13 号决定（《巴厘岛行动计划》）所要求的议定结果，随之《公约》之下的长期合作行动问题特设工作组即告终止；

第二，并决定启动一个进程，以通过特此在《公约》之下设立的一个称为"德班加强行动平台问题特设工作组"的附属机构，拟订一项《公约》之下对所有缔约方适用的议定书、另一法律文书或某种有法律约束力的议定结果；

第三，决定德班加强行动平台问题特设工作组应争取尽早但不迟于 2015 年完成工作，以便在缔约方会议第二十一届会议上通过以上所指议定书、另一法律文书或某种有法律约束力的议定结果，并使之从 2020 年开始生效和付诸执行。[1]

大会第 2/CP.17 号决定总结了《公约》之下的长期合作行动问题特设工作组的工作结果，努力争取确定一项在 2050 年之前大幅度减少全球排放量的全球目标，为温室气体排放量全球封顶（global peaking）确定一个时间框架，并在第十八次会议上加以审议。在发达国家的本国减缓行动方面，会议决定 2012 年继续开展发达国家缔约方量化的整体经济范围减排指标（quantified economy-wide reduction targets）的进程，决定开展国际评估和审评进程应是对信息的技术评估和对量化的整体经济范围减排指标执行情况的多边评估。对于发展中国家的本国减缓行动，会议承认发展中国家缔约方已经在并将继续按照《公约》的原则和规定为全球缓解努力作出贡献，可加强其缓解行动，但取决于发达国家缔约方提供资金、技术和能力建设支助。会议通过附件二《国际评估和审评模式和程序》和附件四《国家磋商和分析模式和指南》，其中附件二适用于发达国家的缓解行动，附件四适用于得到国际支助的发展中国家缓解行动。[2]

―――――――――

〔1〕 见《公约》第 1/CP.17 号决定。

〔2〕 见《公约》第 2/CP.17 号决定，其中《国际评估和审评模式和程序》和《国家磋商和分析模式和指南》的英文用词分别为"Modalities and Procedures for International Assessment and Review"和"Modalities and Guidelines for International Consultation and Analysis"。

（七）"多哈气候大门"

2012 年在卡塔尔多哈举行的《公约》第十八次缔约方大会（COP18）总结了最近三年的国际气候谈判成果，开启了一扇更高雄心水平国际气候新谈判的大门。大会结束了《巴厘岛行动计划》下设定的工作，确立了 2015 年全球气候变化协议的时间表，修正了《京都议定书》，建立了新的技术和金融机构，基本达成了事先预期的目标。

第一，第 1/CP.18 号决定连同第十六次和第十七次缔约方通过的决定，构成了根据《巴厘岛行动计划》达成的议定结果。根据第 1/CP.18 号决定，长期合作行动的共同愿景包括一个长期的全球减排目标，以便根据《公约》的规定和原则，特别是共同但有区别的责任和各自能力的原则，并顾及社会经济条件和其他相关因素，实现《公约》的最终目标。在加强缓解气候变化的国家行动方面，包括所有发达国家缔约方量化的限制和减少排放目标在内的可衡量、可报告和可核实的适合本国的缓解承诺或行动，同时在顾及它们国情差异的前提下确保各自努力之间的可比性；也包括发展中国家缔约方在可持续发展方面可衡量和可报告的适合本国的缓解行动，为此应得到以可衡量、可报告和可核实的方式提供的技术、资金和能力建设的支持和扶持。

第二，根据第 2/CP.18 号决定（推进德班平台），缔约方会议决心在定于 2015 年 12 月举行的第二十一次会议上，通过一项《公约》之下对所有缔约方适用的议定书、另一法律文书或某种有法律约束力的议定结果，使之自 2020 年起生效并付诸执行。联合国秘书长在本次会议上宣布将于 2014 年召集各国领导人开会，德班加强行动平台问题特设工作组最迟将在定于 2014 年 12 月举行的第二十次缔约方会议上，审议谈判案文草案的要点，以期在 2015 年 5 月之前提供谈判案文。

第三，《京都议定书》第八次会议（CMP8）通过了第 1/CMP.8 号决定（"多哈修正案"），根据《京都议定书》第 3 条第 9

款对《京都议定书》作出了修正。多哈修正案包括两个附件，附件一是对《京都议定书》第 3 条、第 4 条、附件 A、附件 B 的修正，附件二是关于《京都议定书》第一承诺期结转的分配数量单位的政治声明。附件 A 的修正在原有六种温室气体的基础上，增列了三氟化氮（NF3）为新的温室气体，并从《京都议定书》第二承诺期开始适用。附件 B 的修正为《公约》附件一缔约方增列了在 2013 ～ 2020 年间的量化限制或减少排放的承诺，但由于加拿大之前提出退出《京都议定书》，日本、俄罗斯表示无意承担《京都议定书》第二承诺期义务，加、日、俄三国未列 2013 ～ 2020 年间减排承诺。已列减排承诺的各缔约方将至迟于 2014 年重新审定其在第二承诺期下量化限制和减少排放的承诺。对《京都议定书》第 3 条最重要的修正是在第 1 款之后插入以下条款：

"附件一所列缔约方应个别或共同确保，其在附件 A 中所列温室气体人为二氧化碳当量排放总量不超过按照附件 B 表格第三列所载其量化的限制和减少排放的承诺和根据本条规定所计算的其分配数量，以使其在 2013 ～ 2020 年承诺期内将这些气体的全部排放量从 1990 年水平至少减少 18%。"

（八）"华沙会议成果"

在波兰华沙举行的《公约》第十九次缔约方大会（COP19）通过了一系列决议，为 2015 年达成全球气候协议奠定了基础。大会发出以下警告：气候变化对人类社会、后代和这个星球构成紧迫而且可能无法逆转的威胁，继续排放温室气体将使整个气候系统进一步变暖并发生变化，为限制气候变化，必须大幅度、持续地减少温室气体排放量。

第一，第 1/CP. 19 号决定（进一步推进德班平台）请德班加强行动平台问题特设工作组加速拟订一项《公约》之下对所有缔约方适用的议定书、另一法律文书或某种有法律约束力的议定结果。为使该议定书、法律文书或议定结果从 2020 年开始生效和付诸执行，请德班加强行动平台问题特设工作组从 2014 年第一届会议开始，进一步拟订谈判案文草案内容；并请所有缔约方启动或加强拟作出的由本国确定的承诺的国内拟订工作（但不影响承诺的法律性质），并在缔约方第二十一次会议之前尽早通报这些承诺。

第二，大会以第 2/CP. 19 号决定通过了《气候变化影响相关损失和损害华沙国际机制》。大会决定设立关于损失和损害问题华沙国际机制（以下简称"华沙国际机制"），该机制设在坎昆适应框架之下，处理特别易受气候变化不利影响的发展中国家与气候变化影响相关的损失和损害问题，包括极端事件和缓发事件的影响。同时设立华沙国际机制执行委员会，在缔约方会议的指导下行使职能并对缔约方会议负责，指导履行一系列气候变化影响损失和损害相关的职责。

第三，大会以第 20/CP. 19 号决定和第 21/CP. 19 号决定分别通过了《国际磋商和分析之下的技术专家小组的组成、模式和程序》和《关于发展中国家缔约方对国内支助的适合本国的缓解行动进行国内衡量、报告和核实的一般指南》，从而使衡量、报告和核实本国缓解行动的框架得以实际运行。其中，第 21/CP. 19 号决定指出，关于发展中国家缔约方对国内支助的适合本国的缓解行动进行国内衡量、报告和核实的一般指南是自愿、务实、非指令性、非侵扰性和国家驱动，发展中国家在自愿基础上使用指南。

第三节　建立国际温室气休减排责任分担机制的必要性和可行性

经过二十年的发展，《公约》、《京都议定书》等气候变化国际法对温室气体减排责任的规定不断地完善起来，这为国际温室气体减排责任分担机制的诞生孕育了条件。笔者认为，当前国际社会亟须建立一个完善的国际温室气体减排责任分担机制，建立国际温室气体减排责任分担机制既有必要性也有可行性。

一、建立国际温室气体减排责任分担机制的必要性分析

建立国际温室气体减排责任分担机制的必要性表现为以下几方面：

（一）它是实现《公约》最终目标的必要条件

《公约》第2条明确提出了本《公约》以及缔约方会议可能通过的任何相关法律文书的最终目标是："根据本公约的各项有关规定，将大气中温室气体的浓度稳定在防止气候系统受到危险的人为干扰的水平上。"可以说，所有的气候变化国际法律文件和相关法律机制都是围绕实现《公约》的这一目标而设置的。这一目标在近年来的气候变化谈判中已被细化为更具体的要求，如"全球升温幅度应在2℃以下"、"尽快实现全球排放量和国家排放量封顶"等。但是近年来联合国气候变化大会在具体落实《公约》目标方面一直裹足不前，更多的是讨论、争议、磋商，未见有实际行动。究其原因是未确立国际温室气体减排责任分担机制，各国对各自承担的减排责任不明确。减排责任不能在各国之间进行分担已经在很大程度上影响了《公约》目标的最终实现。因此，建立国际温室气体减排责任分担机制也是实现《公约》最终目标的必要条件。

（二）它是推动后京都气候谈判的必由之路

《京都议定书》第3条规定，议定书的第一承诺期为2008～2012年。如今，第一承诺期已经结束，马上面临的一个紧迫任务就是如何对第二承诺期或后京都时代的气候变化法律机制作出安排。从2007年的巴厘岛气候变化大会起，世界各国就开始讨论后京都的气候变化法律体制。经多方利益的争夺，各种政治力量的斡旋，各国始终没能在一些基本问题上达成一致意见。其中，最棘手的问题就是如何分担各国的温室气体减排责任。由于各国在减排责任分担问题上的巨大分歧，后京都谈判一直停滞不前。可见，减排责任分担问题是气候谈判中不可回避的一个问题。为了推动后京都谈判取得实质进展，必须建立起一个平衡各国利益的公平的责任分担机制。因此，建立国际温室气体减排责任分担机制是推动后京都

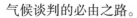
气候谈判的必由之路。

（三）它是完善气候变化国际法的必然要求

责任分担机制是气候变化国际法的基石，对气候变化国际法的现状和未来将产生重大影响。随着气候变化国际法的发展，一些气候变化的法律机制陆续建立并不断完善起来，如国家信息通报制度、三大灵活机制（清洁发展机制、联合履行机制、碳排放贸易机制）、遵约机制等。这些法律机制都与责任分担机制密切相关，责任分担机制是其他气候变化法律机制的基础，其他气候变化法律机制的完善也会对责任分担机制产生有益影响。现有的责任分担规定模糊、可操作性差、缺乏执行力等一系列问题，不能形成一个完整的温室气体责任分担机制，已经不能适应气候变化国际法进一步发展的要求。因此，建立国际温室气体减排责任分担机制是完善气候变化国际立法的必然要求。

二、建立国际温室气体减排责任分担机制的可行性分析

尽管世界各国对于建立国际温室气体减排责任分担机制存在重大分歧，但从国际社会现已达成的国际法文件以及理论和事件看，还是具有很大的可行性。建立国际温室气体减排责任分担机制的可行性表现为以下几方面：

（一）历届谈判奠定了坚实的公约基础

可行性的第一个理由是历届气候谈判为建立国际温室气体减排责任分担机制奠定了坚实的公约基础。《公约》第2条明确规定了《公约》的目标，也是温室气体减排责任分担的目标。《公约》第3条对基本原则的规定也主要是关于分担各国减排责任时应遵循的基本原则，如共同但有区别责任原则等。《京都议定书》、《巴厘岛行动计划》、《哥本哈根协议》、《坎昆协议》等一系列气候变化国际法律文件细化了《公约》中责任分担的规定，特别是《京都议定书》规定了2008～2012年第一承诺期内各国的减排承诺。这些规定都为建立国际温室气体减排责任分担机制奠定了坚实的公约基础。

（二）现有研究打下了扎实的理论基础

围绕各国的温室气体减排责任分担问题，不仅《公约》、《京都议定书》等国际法文件有所规定，国际组织、研究机构、学者也作了很多理论探讨。在价值理念方面，探讨了公平和效率的关系；在基本原则方面，讨论了可供参考的各项原则，如共同但有区别责任原则、污染者负担原则、人均平等排放权原则、维持现状原则、需要原则等；在分担方案方面，提出了 IPCC 方案、巴西提案、紧缩趋同方案、碳预算方案等各种分担方案；在考量因素方面，提出以人口、现实排放、历史排放、气候条件、能源禀赋、碳排放贸易等作为分担各国减排责任应当考虑的因素。尽管目前各国对体现价值、适用原则、分担方案等还未达成一致意见，但这些理论探讨为建立国际温室气体减排责任分担机制打下了扎实的理论基础。

（三）已有先例积累了宝贵的实践经验

在公约规定、理论探讨之外，各国在应对气候变化的过程中，也有过减排责任分担的实践案例，典型的是京都模式和欧盟内部三要素方法。《京都议定书》附件 B 以列表的方式明确了《公约》附件一缔约方在第一承诺期的量化限制或减排承诺，以使其在第一承诺期内温室气体排放量从 1990 年水平减少 5%。这一分担减排责任的方式称为京都模式。欧盟为了完成《京都议定书》对欧盟规定的整体减排目标，采用"三要素"法（亦称"triptych 方法"）对欧盟各成员国的减排责任进行了进一步划分。该方法是国际上少数得到实际应用的分担方法之一，为促进欧盟内部分担协议的达成起到了至关重要的作用，同时也为推动国际气候谈判进程作出了贡献。[1] 后文会对这两种分配模式作进一步介绍。尽管这两种模式都存在一些缺陷，但是这种实践为建立国际温室气体减排责任分担机制提供了宝贵的实践经验。

---

〔1〕 庄贵阳、陈迎：《国际气候制度与中国》，世界知识出版社 2005 年版，第 140 页。

　　综上所述，不论从公约层次、理论层次，还是实践层次，各国在温室气体减排责任分担上都积累了一定的基础。此外，考虑到人类只有一个地球，气候保护是全球共同的利益，国际社会在全球环境保护，尤其是应对全球气候变化领域更趋向于合作而非传统的对抗。因此，建立国际温室气体减排责任分担机制不仅具有必要性，也具备可行性。

第二章

国际温室气体减排责任分担
机制的理论基础

　　既然建立国际温室气体减排责任分担机制兼具必要性和可行性，那么如何构建起这个责任分担机制呢？首要任务是追根溯源，寻找并分析国际温室气体减排责任分担机制背后蕴涵的理论根源。如果说建立国际温室气体减排责任分担机制是完善国际气候变化法律机制的必经之路，那么构建坚实的理论基础就是这一艰难征程的起点。在理论分析中，价值和基本原则贯穿于法律机制的整个运行过程，并对机制运行起着重要的指导和指引作用。

第一节　国际温室气体减排责任分担机制的
价值体现

一、国际温室气体减排责任分担的价值概述

　　"价值"是经济学、社会学、政治学、哲学、伦理学、法学共同使用的一个概念。如美国法学家庞德（Roscoe Pound）所言，法

的价值问题"虽然是一个困难的问题，却是法律科学所不能回避的"[1]价值理论贯穿于法律运行的整个过程，也对法律运行起着指导作用。[2]在法学领域，"价值"指的是法的存在、作用和变化对主体需要的满足及其程度。[3]具体到国际温室气体减排责任分担中，价值位于核心地位，对国际温室气体减排责任的法律原则、分担方案、分配因素等起着指导作用。国际温室气体减排责任分担表面是分担各国的减排责任，实质上是对法学价值冲突的判断与协调。气候变化国际法文件既受各种价值理念的指导，也是法的价值在气候变化领域的具体体现。《公约》、《京都议定书》及其他气候变化国际法文件中体现了正义、公平、自由、平等、效率、秩序、民主、安全等法的价值。其中，正义、公平和效率是国际温室气体减排责任分担的基本价值也是核心价值。以下分别就这三种价值在国际温室气体减排分担机制中的应用加以分析。

二、正义的价值

（一）正义的涵义

正义是法的最高序列的价值。著名的法学教授博登海默（Edgar Bodenheimer）在其《法律哲学与法律方法》一书中对正义有着非常经典的表述，他说："正义有着一张普洛透斯似的脸（a protean face），变幻无常，可随时呈现不同形状并具有极不相同的面貌。"乌尔比安（Domitius Ulpianus）认为，"正义就是给每个人以应有权利的稳定的永恒的意义"；凯尔森（Hans Kelsen）认为，"正义是一种主观的价值判断"；而柏拉图（Plato）认为，"各尽其职就是正义"。尽管对正义有着不同的理解，一般来说，正义的一般内

〔1〕〔美〕庞德：《通过法律的社会控制——法律的任务》，沈宗灵译，商务印书馆1984年版，第55页。
〔2〕杨兴：《〈气候变化框架公约研究〉——国际法与比较法的视角》，中国法制出版社2007年，第219页。
〔3〕刘金国、舒国滢主编：《法理学教科书》，中国政法大学出版社1999年版，第289页。

涵是平等地对待每个人和公平地分配财富。

依据主体的不同，法的正义分为个人正义和社会正义，个人正义强调的是公平对待他人的道德、态度或行为，而社会正义强调社会道德、社会制度、规则、原则的公平合理性；依据目标指向的不同，法的正义分为实质正义和形式正义，实质正义强调法律制度本身是否符合正义，而形式正义强调对法律制度的公正一致的执行；依据实现方式的不同，法的正义分为分配正义、交换正义和程序正义，其区别在于三者分别通过初始分配、交易交换和程序公正的方式实现正义。

（二）气候变化视角下的正义价值

气候变化领域中的正义，被称之为"气候正义"或"气候变化正义"。[1] 气候正义是国际环境正义在气候变化领域的应用。随着美国 20 世纪 80 年代初环境正义的兴起，气候正义的概念也逐渐成为研究气候变化领域正义问题时经常使用的一个规范概念。[2] 在应对气候变化的过程中，穷人往往会遭受气候变化带来的大部分伤害，穷人更难适应气候的变化，而当今排放的后果会在遥远的将来感受到，有效的气候行动必须把绝大多数乃至所有的排放量较大的国家动员起来。[3] 这一系列的事实都是气候正义所关注的问题。

气候正义对于国际温室气体减排责任分担机制具有重要意义。首先，气候正义是《公约》、《京都议定书》等气候变化国际法文件的根本价值目标。与公平、效率的价值相比，正义在气候变化国际法的价值位阶是最高的。其次，气候正义是国际温室气体减排责

---

〔1〕 使用"气候变化的正义"概念的代表为美国学者埃里克·波斯纳（Eric A. Posner）和戴维·韦斯巴赫（David Weisbach），他们于 2010 年出版了《气候变化的正义》一书，该书于 2011 年被译为中文。See Eric A. Posner, David Weisbach, *Climate Change Justice*, Princeton Univeristy Press, 2010. 见〔美〕埃里克·波斯纳、戴维·韦斯巴赫：《气候变化的正义》，李智、张健译，社会科学文献出版社 2011 年版。

〔2〕 陈贻健：《气候正义论》，中国政法大学 2011 年博士学位论文，第 4 页。

〔3〕 〔美〕埃里克·波斯纳、戴维·韦斯巴赫：《气候变化的正义》，李智、张健译，社会科学文献出版社 2011 年版，第 2~5 页。

任分担机制得以获得各个缔约国接受和认同的重要考虑因素。一份全球减排责任分担协议只有符合了气候正义的价值追求，才能得到最广泛的接受。最后，气候正义也是国际温室气体减排责任分担机制得以运行的必要前提。如果不能体现气候正义，国际温室气体减排责任分担机制即使得以建立，也将在实际运行中举步维艰。总而言之，气候正义是国际温室气体减排责任分担机制的基石，它要求"更多的国家加入到气候保护的全球合作体制中来，也要求发达国家进一步加大对发展中国家的技术与资金援助力度，并要求发展中国家为全球气候保护作出更大的贡献。"[1]

气候变化中的正义价值与公平价值同属于气候变化领域的基本价值体现，两者紧密相关又有所差别。人们在探讨气候变化的公平问题时，常常对"公平"（equity 或 fairness）与"正义"（justice）的概念不作区分。但从哲学意义上讲，"公平"多指操作层面上的分配问题，而"正义"在操作层面之上更强调道义层面上的权利，较公平的含义更为广泛。[2]

（三）气候变化中正义的类型划分

依据不同的标准，可以将气候正义划分为不同的类型。从国别角度来划分，气候正义可以分为国内气候正义和国际气候正义，国内气候正义是指在一个国家之内人们在气候变化领域的价值协调，国际气候正义是指各国在气候环境资源的利益和负担分配方面的正义。从适用的领域来划分，气候正义可以划分为减缓领域的气候正义与适应领域的气候正义，其中减缓领域的气候正义的核心问题是排放配额、减排义务的分配，而适应领域的气候正义关注对已经形成的气候变化事实及其后果如何应对，以及成本应如何负担。[3]根

---

〔1〕 晋海："《京都议定书》与国际环境正义"，载《法治论丛（上海政法学院学报）》2008 年第 2 期，第 90、91 页。

〔2〕 庄贵阳、陈迎：《国际气候制度与中国》，世界知识出版社 2005 年版，第 158 页。

〔3〕 陈贻健：《气候正义论》，中国政法大学 2011 年博士学位论文，第 9~15 页。

据上述分类，国际温室气体减排责任分担领域的气候正义属于国际气候正义和减缓领域下的气候正义。

从传统的正义类型来看，亚里士多德（Aristotélēs）将正义分为分配正义与矫正正义，国际温室气体减排责任分担领域的核心是分配正义，即国际社会如何分配温室气体减排义务或全球气候容量资源的问题。根据亚里士多德的划分，分配正义是基于不平等上的正义，而矫正正义是基于平等的正义。分配正义涉及财富、荣誉、权利等有价值的东西的分配，对不同的人给予不同对待，对相同的人给予相同对待，即为正义。分配正义与国际温室气体减排责任分担的基本原则、考量因素、衡量标准、分担方案等问题密切相关。具体来说，国际温室气体减排责任分担中的分配问题包括"什么被分配"、"分配给谁"、"在哪一个阶段进行分配"、"谁进行分配"、"根据什么标准进行分配"等等。[1] 在分配正义的原则方面，罗尔斯根据分配的客体不同对分配正义作了进一步解读。罗尔斯（John Bordley Rawls）认为，对于基本自由，每个人都具有平等的权利（平等自由原则）；对于经济和社会权利，在与正义的储存原则一致的情况下，适合于最少受惠者的最大利益（差别原则），并在机会公平平等的条件下职务和地位向所有人开放（机会的公正平等原则）。[2] 将罗尔斯的分配正义原则运用于气候变化领域，可以作出这样的解读：对于满足人的基本生存的碳排放（生存碳排放）而言，应当遵循平等自由原则，而对经济和社会权利，则依据按照需要分配的原则，按照品德、才能分配的原则，按照贡献分配的原则等进行分配。其中按需要分配体现了对穷国和小岛国的照顾，而按贡献分配则体现了应对气候变化中的历史责任，即发达国家是当今气候变化问题的主要历史贡献者而应承担主要责任。这说明分配正

---

〔1〕 陈贻健：《气候正义论》，中国政法大学2011年博士学位论文，第86页。
〔2〕 胡静：《环境法的正当性与制度选择》，知识产权出版社2008年版，第67～69页。

义在气候变化责任问题上具有很强的解释力。

但应当注意的是，在讨论气候变化正义问题时，人们常常忽略分配正义和矫正正义的区别。矫正正义是往回看，注重于对过去不法行为的赔偿或修复。严格意义上说，气候变化的历史责任乍一看是矫正正义的问题，而非分配正义的问题。但是矫正正义的哲学概念在解释同时具有时间和空间维度的多侧面气候变化问题时，存在一定的解释力不足。[1] 因此，国际温室气体减排责任分担的核心问题是分配正义，但也渗透着矫正正义的内容。

三、公平的价值

（一）公平的涵义

公平在《公约》中对应的英文是"equity"。根据《元照英美法词典》，"equity"来源于拉丁文 *aequitas*，其初始涵义为"公平、公正、平等、平衡"，引申涵义为"衡平、平衡、个案公正、自然公正"。在《布莱克法律词典》里，equity 的第一词义为"公正、不偏不倚、公平无私地处理"，第二词义为"界定什么是公正的和正确的原则；自然法"。[2] 与正义相比，公平更多地应用在法律操作层面，而正义更多的是伦理、道德、更形而上的价值要求。公平（equity）不同于平等（equality），国家间的差异会影响到国际公平问题，国家间的公平与国家在不同方面的差异紧密相关。在国际环境法中，这些差异包括国家的经济状况、对环境的贡献、受环境影响的概率和脆弱程度等，其中最主要的差别是一国的财富状况和消费状况。IPCC 报告指出，对于发展中国家而言，摆脱贫困是当务之急，发展中国家宁愿保留财力和技术资源来解决本国的经济问题，而不是用来防止一个全球问题。[3]

---

〔1〕 Friedrich Soltau, *Fairness in International Climate Change Law and Policy*, Cambridge University Press 2009, p. 160.

〔2〕 Bryan A. Garner ed., *Black's Law Dictionary*, 8th edition, Thomson West, 2004, p. 579.

〔3〕 IPCC Special Report on Developing Countries.

（二）气候变化视角下的公平

如正义理论专家亨利·舒尔（Henry Shue）教授所说，公平（equity or fairness）是国际应对气候变化行动中争论的核心问题。[1] 这是因为公平的考虑对于气候变化的伦理问题、有效性问题、可持续发展以及《公约》本身都具有重要意义。《公约》的多处规定都体现了应对气候变化中的公平性要求。《公约》第3条第1款规定，各缔约方应当在公平的基础上（on the basis of equity），为人类当代和后代的利益保护气候系统，发达国家缔约方应当率先对付气候变化及其不利影响。《公约》第3条中促进可持续发展、考虑发展中国家缔约方的具体需要和特殊情况、合作促进有利的和开放的国际经济体系、采取预防措施的规定也体现了公平原则。《公约》第4条第2款要求发达国家带头依循本公约的目标，采取减缓气候变化的措施，改变人为排放的长期趋势，"并考虑到这些缔约方的起点和做法、经济结构和资源基础方面的差别、维持强有力和可持续经济增长的需要、可以采用的技术以及其他个别情况，又考虑到每一个此类缔约方都有必要对为了实现该目标而作的全球努力作出公平和适当的贡献"。《公约》第4条第7款提到"经济和社会发展及消除贫困是发展中国家缔约方的首要和压倒一切的优先事项"。因此，发展中国家应对气候变化的承诺受本国的经济状况影响。[2]《公约》第11条第2款规定"该资金机制应在一个透明的管理制度下公平和均衡地代表所有缔约方"。这些规定都体现了公平的价值。[3]

气候变化正以前所未有的方式影响社会福利，并带来不公问

---

[1] Henry Shue, "After You: May Action by the Rich Be Contingent Upon Action by the Poor?", 1 *Indiana Journal of Global Legal Studies*, 2 (1994), p. 343.

[2] Guidance Papers on the Cross Cutting Issues of the Third Assessment Report of the IPCC.

[3] Guidance Papers on the Cross Cutting Issues of the Third Assessment Report of the IPCC, Annex 3, "why is equity important".

题。由于国家和区域间及国家和区域内，代际间的技术、自然和财政资源分布的差异，以及减排成本的差别，造成了各国温室气体减排能力的不平衡性。现有证据已经证明，贫穷国家和一国内的弱势群体更容易受到气候灾害影响。气候变化的影响或减缓政策将造成或加剧国内、国家间、地区内、地区间的不公平和代际间的不公平。气候变化公平要解决的问题就是防止产生这种不公平，并将现有的不公平控制在什么程度内。

公平与气候变化中的共同但有区别责任原则密切相关。从某种意义上说，公平价值是共同但有区别责任原则，特别是其中区别责任的基础和依据。公平的价值要求解释了发达国家"率先"和"更多"地承担减缓气候变化责任的正当性[1]。在亨利·舒尔教授看来，"如果一方过去在没有获得他方的同意的情形下给他方强加了一定的成本从而不公平地侵害了他方，那么未经同意的被侵害方应有资格在将来要求侵害方至少承担与此前不公平侵害程度相等的不平等负担以恢复平等"[2]。印度最高法院资深大律师乔德哈利（Subrata Roy Chowdhury）也认为，"由于导致全球环境退化的不平等份额，责任……也必须是不平等的，并且与导致这种退化的不同份额相当"[3]。

---

〔1〕 龚向前："解开气候制度之结——'共同但有区别的责任'探微"，载《江西社会科学》2009 年第 11 期，第 135 页。

〔2〕 Henry Shue, "Global Environment and International Inequality", *International Affairs*, Vol. 75, No. 3 (1999), p. 540. 转引自王小钢："'共同但有区别的责任'原则的适用及其限制——《哥本哈根协议》和中国气候变化法律与政策"，载《社会科学》2010 年第 7 期，第 85 页。

〔3〕 Subrata Roy Chowdhury, "Common but Differentiated State Responsibility in International Environmental Law: from Stockholm (1972) to Rio (1992)", in K. Ginther, E. Denters and P. De Waart (eds.), *Sustainable Development and Global Governance*, Martinus Nijhoff, 1995, p. 333. 转引自王小钢："'共同但有区别的责任'原则的适用及其限制——《哥本哈根协议》和中国气候变化法律与政策"，载《社会科学》2010 年第 7 期，第 85 页。

（三）气候变化中公平的类型划分

依据不同的标准，可以对气候变化中的公平作出类型化划分。从过程和结果的角度划分，公平可以分为程序公平和结果公平。在结果公平之下，IPCC 第三次评估报告中以国家、地区、代际为标准，将气候变化中的公平再分为国内公平、国家和区域间公平、代际公平。[1]

1. 程序公平和结果公平

应对气候变化的公平原则不仅适用于决策的程序，也适用于决策的结果。程序公平和结果公平同样重要，公平的程序不能保证带来公平的决定，相反，有时候公平的结果是经由不公平的决策程序作出的。《公约》的受支持度和《公约》建议行动的可接受性很大程度上取决于国际社会对《公约》的广泛参与以及所有参与者对《公约》作出的决策的公平性的理解。程序公平有两个基本组成部分，参与公平和过程公平。参与公平意味着受决策影响的人在决策过程中都有发言权，不管是通过直接参与还是通过代表参与的方式。过程公平意味着在法律面前同等对待（equal treatment），同样情形得到同样处理。结果公平也包括成本公平分担和利益公平分享两个基本组成部分，结果公平针对的是在气候变化的影响和适应上和缓解措施方面的成本和利益。[2]

2. 代内公平与代际公平

气候变化国际法中的公平价值是代内公平与代际公平的统合。代内公平（intragenerational equity）是指代内（同时代）的所有人，不论其国籍、种族、性别、经济发展水平、文化等方面的差异，对于利用自然资源和享受清洁、良好的环境享有平等的权利。在当今世界，发达国家和发展中国家之间在利用自然资源方面的实际权利

---

〔1〕 IPCC 第三次评估报告，综合报告，第121页。
〔2〕 Guidance Papers on the Cross Cutting Issues of the Third Assessment Report of the IPCC.

是极不平等的。[1] 代内公平说到底是穷人向富人争取正义，在国家之间和国家内部也是如此。[2]

代际公平（intergenerational equity）理论由美国学者爱迪·B. 维丝教授（Edith Brown Weiss）提出。在《行星托管：自然保护与代际公平》一文中，她提出每一代人都是后代人的地球权益的托管人，并提出实现每一代人之间在开发利用自然资源方面的权利的平等。代际公平由保存选择原则、保存质量原则、保存取得和利用原则三个基本原则组成。[3] 在代际正义中存在两个根本问题值得引起我们的注意：一是所有气候变化决策是由当代人作出的，后代人在这个决策过程中没有代表，因此，当代人需要行使特别注意义务以保护后代人的权益；二是对于已犯的错误或误估，当代人很难给予后代人赔偿，这也需要当代人特别谨慎防止在未来无法赔偿。[4]

代内公平是代际公平的基础。正如国际环境法学者约翰·拉姆贝维基（John Ntambirweki）所说："在缺失代内公平的情况下谈论代际公平，不过是自以为是的空谈。将现存的代际不公传递到后代，可能是对人类的最大伤害。这种伤害不存在于需求的道德，而是地球单一环境对于人类整体的生存十分关键。不纠正今天的错误并消灭当前的不平等，将无所遗留给未来。"[5] 随着时间流逝，代内公平存在的问题会以相似的方式影响代际公平。因为，后代人可以比当代人更富或更穷，生活在过去和现在的人是将来的气候变化影响的贡献者，并且后代人不得不承担过去排放的温室气体的影响或受益于前代人为气候变化作出的牺牲或投资。

[1] 王曦：《国际环境法》（第2版），法律出版社2005年版，第104页。
[2] 李春林："气候变化与气候正义"，载《福州大学学报（哲学社会科学版）》2010年第6期，第47页。
[3] 王曦：《国际环境法》，法律出版社2005年版，第102~103页。
[4] Guidance Papers on the Cross Cutting Issues of the Third Assessment Report of the IPCC.
[5] 龚向前："解开气候制度之结——'共同但有区别的责任'探微"，载《江西社会科学》2009年第11期，第135页。

四、效率的价值

(一) 效率的涵义

同正义、公正一样,效率也是法的一项基本价值。效率(efficiency),也作效益,是指社会或个人给予一定的投入而获得收益最大化的比率。[1] 尽管法学界、经济学界乃至哲学界对"效率"的表述各有不同,但这些表述都表明效率价值的基本要求,即"以尽可能低的成本来最大限度地实现活动的目标或者以尽可能少的投入获取最大的利益和最优的效果"[2]。效率是任何谋求发展和进步的社会所必然追求的价值目标。一个不求效率的社会制度,即便是它在形式上做到了秩序的稳定、社会分配上的公平,也还不能说是一个正当而完善的制度。[3]

(二) 气候变化视角下的效率

效率作为法的基本价值,也是气候变化国际法体现的价值之一。效率在《公约》和《京都议定书》等气候变化国际法文件中也有所体现。

《公约》的序言中就提出应对气候变化应当考虑"有关的科学、技术和经济","并根据这些领域的新发现不断加以重新评价,才能在环境、社会和经济方面最为有效"。序言还提出"认识到应对气候变化的各种行动本身在经济上就能够是合理的,而且还能有助于解决其他环境问题"。另外,《公约》第3条第3款还规定,"应付气候变化的政策和措施应当讲求成本效益,确保以尽可能最低的费用获得全球效益"。这些规定都强调了在应对气候变化时应

---

〔1〕 刘金国、舒国滢主编:《法理学教科书》,中国政法大学出版社1999年版,第307页。

〔2〕 杨兴:《〈气候变化框架公约研究〉——国际法与比较法的视角》,中国法制出版社2007年版,第240页。

〔3〕 刘金国、舒国滢主编:《法理学教科书》,中国政法大学出版社1999年版,第307页。

考虑经济方面的要求，讲求成本效益，从而体现了效率价值。[1]

《京都议定书》中虽然没有直接提及“效率”的字眼，但是《京都议定书》确立的三大灵活机制（联合履约机制、清洁发展机制和排放贸易机制）是效率价值的集中表现。这些机制允许附件一国家之间或附件一国家与非附件一国家之间通过交易与合作，以完成《京都议定书》规定的温室气体减排承诺。通过设立三大灵活机制，《京都议定书》降低了发达国家履行减排承诺的成本。因此，一定意义上可以说，三大灵活机制是发达国家追求效率价值的结果。[2]

（三）气候变化中公平与效率的关系

公平与效率是一对相互联结的法律价值。如美国学者罗伯特·D. 考特（Robert D. Cooter）所说，“法学家维护的是公正，经济学家维护的是效率”。笔者认为，在应对气候变化国际法中，应尽可能兼而体现公平与效率两种法的价值。一份保证公平而没有效率的全球气候协议无法获得很多国家认可，而只追求效率而不公平的全球气候协议同样不会被多数国家接受。只有建立在公平的基础上，同时又充分考虑效率价值的气候协议才有可能被世界各国最大限度地认可。公平与效率之间没有绝对的冲突，两者是可以相互促进的。

尽管如此，在有些情况下，公平与效率不可避免地存在一定的紧张关系。在公平与效率不可兼得的情况下，需要考虑的问题是哪一种价值具有优先性。笔者认为，在气候变化领域中，如果公平与效率有冲突的话，应以公平为首要价值，公平优先于效率。这是因为效率的出发点是经济学上的利益最大化，尽管经济学对于环境污染、公地悲剧、外部性等问题作出了一定的修正（如将外部成本内

---

〔1〕 杨兴：《〈气候变化框架公约研究〉——国际法与比较法的视角》，中国法制出版社2007年版，第241页。

〔2〕 杨兴：《〈气候变化框架公约研究〉——国际法与比较法的视角》，中国法制出版社2007年版，第241～242页。

部化），但是这些修正归根到底是以经济学为出发点。而经济学不可避免地追求从资源利用中获得最大的经济福利，这与环境法的本质背道而驰。因此，经济学可以帮助找到环境法安身立命的方法，却无助于发现环境法安身立命的根据。[1] 这个结论也同样适用于气候变化国际法。

因此，在气候变化国际法中，公平是首要遵循的价值，在公平与效率有冲突时应当贯彻"公平优先兼顾效率"的理念。[2] 在对温室气体减排责任分担的现实谈判中，应当综合考虑政治意愿、人口社会因素、经济发展水平、自然地理条件等诸多复杂因素，在公平和效率之间寻找一个最优平衡点。[3] 当然，在遵从公平原则的基础上，也应注意发挥效率价值的作用，充分利用排放贸易、征收碳税、联合履约等国际减排经济手段，以较少的经济成本达成减排目标，促进技术革新等。[4]

第二节　国际温室气体减排责任分担的基本原则

与价值理念相似，国际温室气体减排责任分担的基本原则也是贯穿于责任分担机制运行全过程的基础理论。鉴于价值带有非常强的抽象性和主观判断色彩，不宜直接运用于具体的制度构建，有必要将价值理念转换为基本原则才能更好地指导和服务于法律制度。当前国际气候谈判争议最大的一个问题就是减排责任分担的原则包

〔1〕　胡静：《环境法的正当性与制度选择》，知识产权出版社2008年版，第67~69页。

〔2〕　杨兴：《〈气候变化框架公约研究〉——国际法与比较法的视角》，中国法制出版社2007年版，第250页。

〔3〕　庄贵阳、陈迎：《国际气候制度与中国》，世界知识出版社2005年版，第150~151页。

〔4〕　朱兴珊、刘学义、徐华清："应付气候变化行动中的公平和效率问题"，载《环境科学动态》1998年第3期。

括哪些，以及应当如何理解和运用这些原则。因此，对国际温室气体减排责任分担基本原则的研究具有重大意义。

一、国际温室气体减排责任分担的基本原则概述

原则是"说话或行事所依据的法则或标准"，基本原则是据以行为或不行为的根本的或主要的法则与标准。[1] 法国环境法教授亚历山大·基斯（Alexander Kiss）曾说，"一个法律秩序的基本原则在法律的制定、发展和适用中发挥着重要作用。基本原则高于普通规则，普通规则必须以基本原则为基础。"[2] 与一般原则或规则相比，基本原则是起主导作用的根本原则，更能反映法律制度的特点和根基所在。[3] 为此，本书选取以国际温室气体减排责任分担的基本原则而非一般原则作为研究对象。

（一）国际温室气体减排责任分担基本原则的概念

在国际环境法中，国际环境法的基本原则是指被各国公认和接受的，在国际环境法领域里具有普遍指导意义的，体现国际环境法特点的，构成国际环境法基础的原理和一般规则。[4] 在气候变化领域，国际温室气体减排责任分担的基本原则是国际环境法基本原则在温室气体减排责任分担中的具体应用。它是贯穿于国际温室气体减排责任分担机制并在其中起指导作用的根本的或主要的准则，是国际温室气体减排责任分担机制的基石，也是温室气体减排责任分担的基本依据。

（二）对国际温室气体减排责任分担基本原则的观点

对于国际温室气体减排责任分担的基本原则，目前学界还没有一个普遍接受的观点。为了辨别相关的原则，有必要先对目前学界和法律文件的表述进行梳理。

---

〔1〕 王灿发：《环境法学教程》，中国政法大学出版社1997年版，第57页。
〔2〕 ［法］亚历山大·基斯：《国际环境法》，张若思编译，法律出版社2000年版，第83页。
〔3〕 王灿发：《环境法学教程》，中国政法大学出版社1997年版，第57页。
〔4〕 王曦：《国际环境法》，法律出版社2005年版，第92页。

在气候变化国际法文件中,《公约》第 3 条是对《公约》基本原则的规定。《公约》要求各缔约方在为实现本公约的目标和履行其各项规定而采取行动时必须以下列原则为指导:①在公平的基础上,根据它们共同但有区别的责任和各自的能力,为人类当代和后代的利益保护气候系统(共同但有区别的责任原则、各自的能力);②充分考虑到发展中国家缔约方,尤其是特别易受气候变化不利影响的那些发展中国家缔约方的具体需要和特殊情况和那些按本公约必须承担不成比例或不正常负担的缔约方,特别是发展中国家缔约方的具体需要和特殊情况(具体需要和特殊情况、成比例);③当存在造成严重或不可逆转的损害的威胁时,不应当以科学上没有完全的确定性为理由推迟采取这类措施,同时考虑到应付气候变化的政策和措施应当讲求成本效益,确保以尽可能最低的费用获得全球效益(风险预防原则、讲求成本效益);④促进可持续的发展,保护气候系统免遭人为变化的政策和措施应当适合每个缔约方的具体情况,并应当结合到国家的发展计划中去,同时考虑到经济发展对于采取措施应付气候变化是至关重要的(可持续发展原则);⑤合作促进有利的和开放的国际经济体系,这种体系将促成所有缔约方特别是发展中国家缔约方的可持续经济增长和发展,从而使它们有能力更好地应付气候变化的问题(国际环境合作原则)。以上原则都可以被认为是气候变化国际法中的原则;但是不是每项原则都与减排责任分担相关,下文将作进一步分析。

在学界,各国学者对于国际温室气体减排责任分担的基本原则存在很大分歧。除了《公约》明确规定的原则以外,学者们提出在温室气体减排责任分担中还应遵循一些其他原则,如人均平等排放权原则、污染者付费原则、维持现状原状、比较性原则、支付意愿原则、罗尔斯正义原则、康德正义原则、领土无害使用原则等。笔者将一些比较有代表性的观点整理如下(见表1)。

表 1　关于国际温室气体减排责任分担基本原则的观点分类

代表学者	迈克尔·格拉布 (Michael Grubb)	亚当·罗斯 (Adam Rose)	玛丽娜·卡佐拉 (Marina Cazorla) 和迈克尔·托曼 (Michael Toman)	莫里·谢尔德 (Murray Sheard)	曹明德
1	人均平等排放权原则	平等主义原则	平等主义原则	人均平等原则	人均平等排放权原则
2	污染者付费原则			污染者付费原则	污染者付费原则
3	维持现状原则		祖父原则		维持现状原则
4	需要原则				需要原则
5	比较性原则				比较性原则
6	支付意愿原则	支付能力原则	支付能力原则	支付能力原则	支付意愿原则
7	罗尔斯正义原则	罗尔斯最大最小原则	最小值最大化原则		
8	康德正义原则		康德主义分配原则		
9		补偿原则	补偿原则	获益者补偿	
10		一致同意	政治共识原则		
11		市场正义	市场至上原则		
12		主权原则	主权协商原则		
13			责任对等原则	负担均等	
14					领土无害使用原则

代表学者	迈克尔·格拉布（Michael Grubb）	亚当·罗斯（Adam Rose）	玛丽娜·卡佐拉（Marina Cazorla）和迈克尔·托曼（Michael Toman）	莫里·谢尔德（Murray Sheard）	曹明德
15		水平公正			
16		垂直公正			
17		环境公平			

　　剑桥大学迈克尔·格拉布教授提出，为保证温室气体减排的公平性，应遵循以下原则：①人均平等排放权（原则），即温室气体的排放份额，应当为一种公共财产，对此公共财产，地球上所有的居民应平等地享有排放权；②污染者付费原则，即温室气体减排的义务应当由造成空气中温室气体超过正常水平的国家承担；③维持现状原则，现有的温室气体排放者已经建立起了与其现时排放额相当的排放法律权利；④需要原则，根据此原则，可把温室气体的排放分为两类，用以满足基本需求的排放和用以满足奢侈需求的排放。相应地，温室气体排放份额的分配应优先确保用以满足基本需求的排放，而对用以满足奢侈需求的排放应加以限制并要求其进行减排；⑤比较性原则，即处于类似状况的国家应承担类似的减排义务；⑥支付意愿原则，即根据不同国家的减排意愿来进行减排义务的分配；⑦罗尔斯正义原则，此种观点把罗尔斯的正义原则应用于气候保护的相关权利分配上，即温室气体减排应不危及基本人权的实现并有利于"最少受惠者"——最不发达的国家；⑧康德正义原则，即气候保护的正义性要求气候保护协定应满足普遍适用的"绝

对命令"，比如不危及全球的气候系统。[1]

美国学者亚当·罗斯等在大量现在文献的基础上，从国际公平的视角将应对气候变化的公平原则划分为基于分配的公平、基于结果的公平和基于过程的公平。基于分配的公平注重排放权的初始分配，如主权原则、平等原则、污染者付费原则、支付能力原则等；基于结果的公平注重减排义务分担对福利的影响，如水平公平、垂直公平、补偿原则等；基于过程的公平注重排放权分配过程的公平特性，如政治协商一致、市场公正、罗尔斯最大最小原则等。[2]

美国学者玛丽娜·卡佐拉和迈克尔·托曼总结了全球气候政策设计的十二种公平原则，包括：平等主义原则、支付能力原则、最小值最大化原则、责任或收益对等原则、主权协商原则、政治共识原则、市场至上原则、康德主义分配原则、祖父原则、补偿原则等。[3]

新西兰环境伦理教授莫里·谢尔德针对气候谈判中的责任追究和成本分摊问题，将气候公平方案分为前瞻式（forward - looking）与回顾式（backward - looking）两类，前者包括：支付能力原则、人均平等原则和负担均等原则，后者包括污染者付费原则和获益者补偿原则。[4]

中国政法大学曹明德教授在《气候变化的法律应对》一文中总结了确定温室气体排放额的几种不同原则：①人均平等排放权原则，即温室气体的排放份额应当视为一种公共财产，地球上所有居民对温室气体排放额这一公共财产平等享有排放权；②污染者付费

〔1〕 徐以祥："气候保护和环境正义——气候保护的国际法律框架和发展中国家的参与模式"，载《现代法学》2008 年第 1 期，第 188 页。
〔2〕 庄贵阳、陈迎：《国际气候制度与中国》，世界知识出版社 2005 年版，第 136 ~ 138 页。
〔3〕 郑艳、梁帆："气候公平原则与国际气候制度构建"，载《世界经济与政治》2011 年第 6 期，第 75 页。
〔4〕 郑艳、梁帆："气候公平原则与国际气候制度构建"，载《世界经济与政治》2011 年第 6 期，第 75 页。

原则，即温室气体减排的义务应当由造成空气中温室气体超过正常水平的国家承担；③维持现状原则，即现有的温室气体排放者已经建立起了与其现时排放额相当的排放法律权利；④需要原则，温室气体的排放分为用以满足基本需求的排放和用以满足奢侈需求的排放两类，温室气体排放份额的分配应优先确保用以满足基本需求的排放，对用以满足奢侈需求的排放加以限制并要求排放者采取减排措施；⑤比较性原则，即处于类似状况的国家应承担类似的减排义务；⑥支付意愿原则，即根据不同国家的减排意愿来安排减排任务；⑦领土无害使用原则，即各国有义务使其领土及管辖范围内或控制下的活动不对其他国家的环境或任何国家管辖范围以外的地区造成损害。[1]

（三）国际温室气体减排责任分担基本原则的判断标准

在以上列举的 5 种学者观点中，一共出现了 17 种基本原则，但是这 17 项基本原则并不是每一项都能称之为国际温室气体减排责任分担的基本原则。为了对这些"准"基本原则进行逐一甄别，有必要先分析成为国际温室气体减排责任分担原则应当具备哪些基本条件或标准。笔者认为，可以通过以下四项标准来判断一项原则是否属于国际温室气体减排责任分担的基本原则。

1. 属于气候变化的国际应对领域

这一标准要求此原则专属于气候变化的国际应对领域，而不是适用于国际环境法所有领域的原则。该标准的作用在于区分国际环境法的基本原则和应对气候变化的基本原则。有些原则属于国际环境法的基本原则，但是与气候变化应对并无直接紧密的联系。例如，上述学者列举的污染者付费（负担）原则、（获益者）补偿原则、领土无害使用原则、主权（协商）原则、一致同意（政治共识）原则，以及有些学者提出的可持续发展原则，这些都是国际环境法的基本原则或特点，但与国际温室气体减排责任分担无直接关

---

〔1〕 曹明德："气候变化的法律应对"，载《政法论坛》2009 年第 4 期，第 163 页。

系。因此，首先可以将上述几项原则排除在外。

2. 适用于国际温室气体减排责任分担全过程

这一标准指的是国际温室气体减排责任分担的基本原则应当适用于国际温室气体减排责任分担全过程，并对国际温室气体减排责任分担具有普遍的指导意义。该标准的作用在于区分应对气候变化的基本原则与国际温室气体减排责任分担的基本原则。国际温室气体减排责任分担的基本原则侧重于减排责任的分担，而不关注排放交易、气候变化的适应。依此标准，可以进一步排除市场正义原则。

3. 符合气候变化中公平的价值追求

这一标准指的是国际温室气体减排责任分担的基本原则应当符合气候变化中公平的价值追求，这是因为公平是温室气体减排责任分担的首要价值。《公约》第3条第1款也明确要求各缔约方在公平的基础上保护气候系统。不符合公平价值的原则无法成为一项基本原则。而维持现状原则或祖父原则维护了发达国家与发展中国家因历史排放不等而造成的不公平现状，损害了发展中国家的根本利益，与公平价值不相融合（这一点在后文介绍京都模式的部分还会涉及）。因此，维持现状原则或祖父原则也不能成为一项基本原则。

4. 获得世界各国的广泛认同，为绝大多数国家和学者所接受

这一标准指的是国际温室气体减排责任分担的基本原则应当是世界各国和学者普遍认同的原则，而不能是争议很大的原则。是否获得广泛认可有两个途径：一是在公约中明文规定，二是在学者中普遍提及。从公约角度，在《公约》、《京都议定书》中对共同但有区别责任原则有明确规定和体现。从学者角度，所列举的学者都一致认为人均平等排放权原则和支付能力原则这两项原则属于减排责任分担的基本原则。对于水平公正、垂直公正和环境公平原则，仅在美国学者亚当·罗斯（Adam Rose）的观点中出现过，还只是一家之言。而对于责任对等原则（负担均等原则）、康德正义原则、罗尔斯正义原则、比较性原则、需要原则，目前各有一些学者支

持，但是未获得普遍认可，并且有些原则的精神也可以被共同但有区别责任原则吸收。对于支付能力（支付意愿）原则，虽然在所列学者的观点中都有提及，但是学者之间对于支付能力的内涵以及能否成为减排责任分担原则，还存在较大争议；并且与基本原则相比，支付能力更多是一项责任分担的考量因素，同时也能被共同但有区别责任原则所吸收。因此，也将这几项原则排除在外。

经过以上四项标准的筛选，能够被称之为国际温室气体减排责任分担相关的基本原则，仅有共同但有区别责任原则和人均平等排放权原则两项。在这两项基本原则中，共同但有区别责任原则侧重从历史的角度看各国的减排责任，而人均平等排放权原则侧重从现时的角度平衡各国的减排责任；共同但有区别责任原则关注国家之间在分担温室气体减排责任方面的公平性，而人均平等排放权原则更多关注人与人之间的公平，两者可相互补充。

二、共同但有区别责任原则

（一）共同但有区别责任原则的涵义

共同但有区别责任原则指的是由于地球生态系统的整体性和导致全球环境退化的各种不同因素，各国对保护全球环境负有共同的但是又有区别的责任。[1]

共同但有区别责任原则的概念可追溯到 1972 年于斯德哥尔摩通过的《联合国人类环境会议宣言》（亦称《斯德哥尔摩宣言》）。《斯德哥尔摩宣言》强调了人类对环境的共同责任后，在第 12 条中规定"应筹集资金来维护和改善环境，照顾到发展中国家的情况和特殊要求，照顾到它们由于在发展计划中列入环境保护项目而产生的任何费用，以及应它们的请求而供给额外的国际技术和财政援助的需要。"1992 年里约环发大会上，共同但有区别责任作为一项原则被明确提出。大会通过的《里约宣言》第 7 条规定，"各国应本着全球伙伴关系的精神进行合作，以维持、保护和恢复地球生态系

---

〔1〕 王曦:《国际环境法》，法律出版社 2005 年版，第 108 页。

统的健康和完整。鉴于造成全球环境退化的原因不同，各国负有程度不同的共同责任。发达国家承认，鉴于其社会对全球环境造成的压力和它们掌握的技术和资金，它们在国际寻求持续发展的进程中承担着责任。"

共同但有区别责任原则由共同责任和区别责任两个基本要素构成。在共同但有区别责任原则中，共同责任是前提，区别责任是关键。共同责任与区别责任不能割裂而开，只有两者有机地结合在一起，才能构成共同但有区别的责任。

共同责任指的是由于地球生态系统的整体性，各国对保护全球环境负有共同的责任。它意味着各国，不论其大小、贫富等方面的差别，都对保护全球环境负有一份责任，都应当参加全球环境保护事业。[1] 共同责任源于各国均有保护全球环境，使之不被破坏的责任。正如著名环境法学家爱迪·布朗·维丝（Edith Brown Weiss）教授所说，"所有物种像一个具有血缘关系的大家庭一样紧密联系，地球和其子民血脉相通，同呼吸，共命运。人类并非生命之网的编织者，它只是生命之网的一根丝。人类在此网中的一举一动都将作用于它自身。"[2] 对于共同责任部分，各国学者争议不大。但是这里要注意的是"共同责任"不等于"平均主义"，"共同"不等于"相同"。

区别责任是对共同责任的一个限定。区别责任指的是各国虽然负有保护全球环境的共同责任，但在各国之间，主要是在发展中国家和发达国家之间，这个责任的分担不是平均的，而是与它们的社会在历史上和当前对地球环境造成的破坏和压力成正比的。[3] 区

---

〔1〕 王曦：《国际环境法》，法律出版社2005年版，第108页。

〔2〕 Edith Brown Weiss, *In Fairness to Future Generations*: *International Law*, *Common Heritage*, *and Intergenerational Equity*, The United Nations University Press, 1989. 转引自王晓丽："共同但有区别的责任原则刍议"，载《湖北社会科学》2008年第1期，第157页。

〔3〕 王曦：《国际环境法》，法律出版社2005年版，第108页。

别责任是各国争议的焦点。尽管发达国家和发展中国家原则上赞同各国在承担责任方面应体现出一定程度的差异，但是在责任因何而异即差异的标准方面存在分歧。

根据《里约宣言》的规定，差异的标准一般包括"对全球造成的压力"和"资金技术"两方面。"对全球造成的压力"既包括历史作用也包括现实作用。在历史作用方面，历史上很多全球环境问题多由发达国家在工业化进程中的排污行为造成，发达国家理应为其过去犯下的过错买单。在现实作用方面，除了发达国家以外，包括中国在内的一些新兴发展中国家对环境也施加了越来越大的压力。以气候变化为例，中国已经超过美国成为温室气体排放大国，印度、巴西、南非和中国等发展中国家的温室气体排放总量也在逐年上升。在"资金技术"方面，在很多国际环境公约中都有发达国家应向发展中国家提供资金和技术的规定。例如，1987 年《关于消耗臭氧层物质的蒙特利尔议定书》规定了发展中国家履行义务的宽限期和发达国家在资金、技术方面向发展中国家给予援助。[1]又如，2004 年《关于持久性有机污染物的斯德哥尔摩公约》考虑到"发展中国家，特别是其中的最不发达国家以及经济转型国家的具体国情和特殊需要"，决定对这些国家给予及时和适当的技术援助以提高其履约能力。[2]再如，1992 年《生物多样性公约》，要求发达国家提供新的额外的资金，以帮助发展中缔约国支付因履约而增加的费用。[3]

（二）共同但有区别责任原则在气候变化国际法文件中的体现

共同但有区别责任原则是气候变化国际法中最重要的原则，几

---

〔1〕 边永民："论共同但有区别的责任原则在国际环境法中的地位"，载《暨南学报（哲学社会科学版）》2007 年第 4 期，第 12 页。

〔2〕 边永民："论共同但有区别的责任原则在国际环境法中的地位"，载《暨南学报（哲学社会科学版）》2007 年第 4 期，第 13 页。

〔3〕 边永民："论共同但有区别的责任原则在国际环境法中的地位"，载《暨南学报（哲学社会科学版）》2007 年第 4 期，第 13 页。

乎贯穿于各个气候变化国际法律文件中。

1. 在《公约》中的体现

共同但有区别责任原则在《公约》的文本中多次出现。

首先，《公约》的序言就提出"地球气候的变化及其不利影响是人类共同关心的问题"，"注意到历史上和目前全球温室气体排放的最大部分源自发达国家；发展中国家的人均排放仍相对较低；发展中国家在全球排放中所占的份额将会增加，以满足其社会和发展需要"，"承认气候变化的全球性，要求所有国家根据其共同但有区别的责任和各自的能力及其社会和经济条件，尽可能开展最广泛的合作，并参与有效和适当的国际应对行动"。

其次，《公约》第3.1条明确指出"各缔约国应当在公平的基础上，并根据它们共同但又有区别的责任和能力，为人类当代和后代的利益保护气候系统。因此，发达国家缔约方应当率先对付气候变化及其不利影响。"

最后，《公约》第4条中在考虑"共同但有区别责任"的基础上，对附件一缔约方、附件二缔约方和其他发展中国家缔约方规定了不同的承诺内容。其中第4.7条还提出"发展中国家缔约方能在多大程度上有效履行其在本公约下的承诺，将取决于发达国家缔约方对其在本公约下所承担的有关资金和技术转让的承诺的有效履行，并将充分考虑到经济和社会发展及消除贫困是发展中国家缔约方的首要和压倒一切的优先事项。"

2. 在《京都议定书》中的体现

《京都议定书》作为对《公约》的进一步规定和完善，也将共同但有区别责任原则的理念贯穿其中。《京都议定书》第3条具体规定发达国家温室气体的量化减排承诺，对发展中国家无此要求，这条虽然未明确使用"共同但有区别责任原则"的措辞，但是充分体现了共同但有区别责任原则的精神。《京都议定书》第10条提出，"所有缔约方，考虑到它们的共同但有区别的责任以及它们特殊的国家和区域发展优先顺序、目标和情况，在不对未列入附件一的缔约方引入任何新的承诺、但重申依《公约》第4条第1款规定的现有承诺并继续促进履行这些承诺以实现可持续发展的情况下"，应制定应对气候变化国家方案、区域方案、国家温室气体排放清单等。另外，《京都议定书》的三大灵活机制，特别是清洁发展机制也在一定程度上体现了共同但有区别责任原则。

3. 在其他气候变化国际法中的体现

除了在《公约》和《京都议定书》中反复提及以外，共同但有区别责任原则也贯穿于其他重要的气候变化国际法文件中。例如《巴厘岛行动计划》第1（a）条指出，《公约》缔约方会议希望达成"长期合作行动的共同愿景，包括一个长期的全球减排目标，以便根据《公约》的规定和原则，特别是共同但有区别的责任和各自能力的原则，并顾及社会经济条件和其他相关因素，实现《公约》的最终目标。"又如，《哥本哈根协议》第1条强调坚定的政治决定，要按照"共同但有区别的责任"原则和各自能力，立即行动起来应对气候变化。再如，《坎昆协议：〈公约〉之下的长期合作问题特设工作组的工作结果》第1条重申长期合作的共同愿景，"申明气候变化是我们时代的最大挑战之一，所有缔约方对长期合作行动有一个共同愿景，开展长期合作行动，以在公平的基础上，并根据它们共同但有区别的责任和各自的能力，实现《公约》第2条所定的目标，包括通过实现一项全球目标"。在适应方面，第14条请所有缔约方在坎昆适应框架之下加强适应行动，"考虑到它们共同但有区别的责任和各自能力以及具体的国家和区域发展优先事项、目标和情况"。在缓解方面，规定"发达国家缔约方适合本国的缓解承诺或行动强调所有缔约方需要在平等的基础上并按照共同但有区别的责任和各自能力，大幅度削减全球温室气体排放量，并遵照作出紧急承诺，加快和加强执行《公约》，承认全球温室气体历史排放量的最大部分源自发达国家，由于这一历史责任，发达国家缔约方必须率先应对气候变化及其不利影响。"在审评方面，第139条要求"审评应当遵循公平原则和共同但有区别的责任原则，以及各自的能力"。

（三）共同但有区别责任原则的法律地位

关于共同但有区别责任原则的法律地位问题，各国学者主要有三种观点，有的认为它是国际环境法的一项基本概念，有的认为它是国际环境法的一个基本原则，而有的则认为它已构成一种国际习惯。我国多数学者认为它是国际环境法领域的基本原则或习惯国际法，[1] 但很多国外学者并不认同此观点。[2]

对外经贸大学边永民教授认为共同但有区别责任原则的内涵还有很多不确定的地方，不能说共同但有区别责任原则已发展为习惯国际法，但可以将其视为一项软法。[3] 美国南加州大学的克里斯托弗·斯通（Christopher Stone）教授认为共同但有区别责任原则并非普遍适用也非不证自明，"贫穷不是盗窃的借口（Poverty does not excuse theft）"，同样缺乏减排的资源并不能成为不减排的理由，因此共同但有区别责任原则并没有成为国际环境法中的习惯法。斯通教授甚至进一步提出，由于对共同但有区别责任原则的理解有很多争议，它不应当成为国际气候谈判中的指导原则。[4] 而伦敦Guildhill大学的保罗·哈里斯（Paul Harris）教授则持相反的观点，

---

〔1〕 参见王曦:《国际环境法》，法律出版社 2005 年版，第 94 页；蔡守秋、常纪文:《国际环境法学》，法律出版社 2004 年版，第 86 页；韩德培:《环境保护法教程》，法律出版社 2003 年版，第 470 页；张梓太、吴卫星等:《环境与资源法学》，科学出版社 2002 年版，第 308 页；曹明德、黄锡生:《环境资源法》，中信出版社 2004 年版，第 358 页；杨兴:"试论国际环境法的共同但有区别的责任原则"，载《时代法学》2003 年第 1 期。Anita Margrethe Halvorssen, *Equality Among Unequals in International Environmental Law*, Boulder: Westview Press, 1999.

〔2〕 Rumu Sarkar, "Critical Essay: Theoretical Foundations in Development Law: A Reconciliation of Opposites?", *Denver Journal of International Law and Policy*, Vol. 33, 2005, pp. 367~378.

〔3〕 边永民:"论共同但有区别的责任原则在国际环境法中的地位"，载《暨南学报（哲学社会科学版）》2007 年第 4 期，第 46 页。

〔4〕 Christopher D. Stone, "Common but Differentiated Responsibilities in International Law", *The American Journal of International Law*, Vol. 98, No. 2, pp. 276~301.

他认为共同但有区别责任原则正在从一项软法向国际法律原则发展，这一原则应当一直作为国际气候谈判的指导性原则。保罗·哈里斯教授指出中美两国双方在理解这一原则上有一些误解，澄清这一误解有利于两国加强在气候变化领域的合作。[1] 来自日本名古屋大学的松井芳郎（Yoshiro Matsui）教授也提出虽然共同但有区别责任现在还难以称之为一项国际习惯法，但它至少是国际法中的一项基本原则，也是国际法规则制定过程中的一项指导原则。[2]

笔者认为，共同但有区别责任原则目前只是国际法中的一项原则，还未构成国际习惯法（customary international law）。根据《国际法院规约》第38条的规定，国际习惯指"作为通例之证明而经接受为法律者"。从这个定义可知，国际习惯有通例（general practice）和法律确信（opinio juris）两个构成要素。通例指的是各国的反复实践，包括国家的行为和不行为。[3] 从通例角度，很难说共同但有区别责任原则已经形成了各国统一的实践。从法律确信角度，遵循共同但有区别责任的国家还没有达到认为这种国家实践是义务的程度。[4] 因此，共同但有区别责任原则不满足国际习惯法的两个基本要件，但是鉴于其已经在一些国际条约，尤其是最近的国际环境条约和宣言中有所体现，可以认为它是国际法中的一项原则。

尽管还不构成一项国际习惯法，但是共同但有区别责任原则作为国际温室气体减排责任分担中的基本原则，具有不可动摇的基础

〔1〕 Paul G. Harris, "Common but Differentiated Responsibilities: The Kyoto Protocol and United States Policy", *New York University Environmental Law Journal*, Vol. 7, pp. 27 ~ 40.

〔2〕 Yoshiro Matsui, "Some Aspects of the Principle of 'Common but differentiated Responsibilities'", 2 *International Environmental Agreements: Politics, Law and Economics* 2002, pp. 151 ~ 171.

〔3〕 周忠海等:《国际法学述评》，法律出版社2001年版，第55页。

〔4〕 Ian Brownlie, *Principles of Public International Law*, (6th edition), Oxford University Press, 2003, p. 6.

地位。从法理学角度来看，共同但有区别的责任原则体现了实质正义，是对正义观的重大发展。[1] 从公约角度来看，共同但有区别责任原则是《公约》、《京都议定书》等气候变化国际法文件中明确规定的原则，一直以来的气候谈判都坚持了这一基本原则。共同但有区别责任原则是后京都气候谈判的基础，也是确立责任分担安排的基石。[2] 当前各国对后京都谈判中减排责任分担存在很多分歧，但也只有在坚持共同但有区别责任原则这一指导性原则的基础上，才可能在后京都谈判中达成一份令世界各国普遍接受的减排方案。

（四）共同但有区别责任原则的具体适用

与共同但有区别责任原则的法律地位相比，如何在国际气候变化法律机制中具体适用共同但有区别责任原则的问题更为棘手，也更具有现实意义。

在共同但有区别责任原则的适用中，最关键的是对区别责任如何理解。区别责任的依据主要是对环境恶化所起的作用（历史排放），同时也包括各自拥有的技术和资金能力的不同（发达国家的能力优势）。[3] 这意味着，将历史排放和各自的能力作为国际温室气体减排责任分担的重要考量因素。如果将这些考量因素进一步转化为衡量指标的话，历史排放因素在衡量指标上表现为累积排放指标，能力因素则与国家经济发展水平（GDP 等）相关。在减排责任的区分方面，比较多的讨论集中在历史责任（累积指标）部分，而各自的能力则更多地作为提供更多环保资金技术，加强发展中国

---

〔1〕 姚天冲等："共同但有区别的责任原则的法理分析"，载《辽宁行政学院学报》2010 年第 5 期，第 21 页。

〔2〕 李春林："气候变化与气候正义"，载《福州大学学报（哲学社会科学版）》2010 年第 6 期，第 48 页。

〔3〕 龚微："论各自的能力与国际环境法的共同但有区别责任原则"，《2008 全国博士生学术论坛（国际法）论文集——国际经济法、国际环境法分册》，第 447 页。

家能力建设的依据。[1] 各自的能力对减排责任的区分也有一定的
解释力，但是各自的能力作为区别责任的主要根据或唯一根据存在
一个风险，即将发达国家的率先减排责任和对发展中国家的减排援
助沦为一种道义上的责任和道义的援助。因此，笔者认为，区别责
任的主要根据还是历史排放，各自的能力可以作为一种辅助因素。

在共同但有区别责任原则的适用中，另一个争议点是有无必要
将减排责任进行量化。北京理工大学龚向前教授强调，气候变化减
缓责任的区别是定性而非定量的区别。发展中国家要在可持续发展
框架下，采取"适当的国内减缓行动"，而发达国家则负有量化的
减排义务。如果给发展中国家也设定减排目标的话，相当于变相地
将"有区别的责任"解读为定量上的不同。[2] 笔者同意龚向前教
授的部分观点，即发达国家与发展中国家在减排责任上的区别并不
是简单的数量差别，而是在历史排放和减排能力等方面存在质的差
别，但是这并不构成减排责任不能量化的充分理由。事实上，2011
年坎昆会议已经明确提出缔约方"同意需进一步开展工作，将减排
指标转换为量化的整体经济范围减排承诺"，并且近年来随着发展
中大国的排放量日益增长，量化减排责任已成为一个不可逃避的问
题。量化并不意味着对发展中国家应有权益的放弃，在量化过程中
还是可以考虑发展中国家的现状和可持续发展的需要，从而体现气
候正义与气候公平的要求。

在适用共同但有区别责任原则的同时，也需要看到，共同但有
区别责任原则的适用存在一定的局限性。剑桥大学拉加马尼（La-
vanya Rajamani）博士认为，"共同但有区别的责任"原则适用的局
限性表现在它不能背离《公约》的目标和目的，并且应当对"发
达国家"和"发展中国家"政治范畴的变化作出承认和回应。丹

---

〔1〕 龚微："论各自的能力与国际环境法的共同但有区别责任原则"，《2008 全国
博士生学术论坛（国际法）论文集——国际经济法、国际环境法分册》，第 450 页。
〔2〕 龚向前："解开气候制度之结——'共同但有区别的责任'探微"，载《江西
社会科学》2009 年第 11 期，第 138～139 页。

佛大学霍尔沃森（Anita M. Halvorssen）博士也主张，"共同但有区别的责任"原则只能在一段有限的时间内适用，并且不应与条约的目标和目的相抵触。[1] 福州大学李春林认为，共同但有区别责任原则具有三方面的局限性：一是原则本身的模糊性难以应付气候变化的剧烈性和紧迫性，二是原则本身的片面性难以匹敌气候变化的复杂性，三是原则对缔约国的责任配置只作了定性规定，而未做到定量化。[2] 笔者认为，以上学者的观点有一定的启发性，但是不影响共同但有区别责任原则的根本地位。作为一项基本原则，共同但有区别责任原则难免存在抽象性有余而操作性不足的缺陷，但是这些缺陷通过具体的分担方案、分配标准等可以进行补足。并且，共同但有区别责任原则本身并未对发展中国家和发达国家作出一成不变的划分，而会随着各国经济、社会情况的发展而发生变化，因而共同但有区别责任原则也具有一定的灵活性。

应当注意的是，近年来气候变化共同但有区别责任原则中的区别责任有弱化的趋势。如同中山大学谷德近教授和吉林大学王小钢博士所说，从"巴厘路线图"开始，国际社会应对气候变化的共同责任在强化，区别责任在弱化。[3] 2009 年的《哥本哈根协议》采取"时间表方法"，在附件二中列举了发展中国家"适合本国的减缓行动"（NAPA），就是"区别责任"弱化的表现。[4] 笔者赞同两位学者的分析，近年来气候变化的国际应对中区别责任的确有所弱化，甚至有一些学者认为该原则会成为发展中国家逃避减排责任

〔1〕 王小钢："'共同但有区别的责任'原则的适用及其限制——《哥本哈根协议》和中国气候变化法律与政策"，载《社会科学》2010 年第 7 期，第 86 页。

〔2〕 李春林："气候变化与气候正义"，载《福州大学学报（哲学社会科学版）》2010 年第 6 期，第 48 页。

〔3〕 谷德近："巴厘岛路线图：共同但有区别责任的演进"，载《法学》2008 年第 2 期，第 136 页。王小钢："'共同但有区别的责任'原则的适用及其限制——《哥本哈根协议》和中国气候变化法律与政策"，载《社会科学》2010 年第 7 期，第 81 页。

〔4〕 王小钢："'共同但有区别的责任'原则的适用及其限制——《哥本哈根协议》和中国气候变化法律与政策"，载《社会科学》2010 年第 7 期，第 81 页。

的借口，而提出废除这一原则的说法。笔者认为在这种情况下，更应坚持而不能废弃共同但有区别责任原则，这是发展中国家在气候谈判中应当坚持的底线。现有的区别责任弱化的趋势并不是共同但有区别责任原则丧失生命力或解释力的表现，而恰恰是共同但有区别责任原则从原则层次进行纵深发展，真正开始应用到实际分担方案的体现。当前，发展中国家和发达国家的责任区别依然存在，但是发展中国家本身也应结合本国情况在可持续发展的基础上合理地分担全球减排责任。如同荷兰莱顿大学沃纳·舒尔茨（Werner Scholtz）博士所说，"共同但有区别责任并不意味着发展中国家就不要承担减排责任，它应是推动国际社会南北世界的国家加强合作实现可持续发展的桥梁。"[1]

综上所述，共同但有区别责任原则作为国际温室气体减排责任分担的基本原则，必须在当前和今后的气候谈判中一如既往地坚持。同时，也需要将共同但有区别责任原则具体体现在减排责任分担方案、分担标准等更具可操作性的内容当中。制定一个科学的、世界各国能够共同认定的量化标准是实施共同但有区别责任原则的当务之急，也是保障共同但有区别责任原则能够真正落实的最关键一步[2]。只有量化了减排责任，共同但有区别责任原则才能获得生命力而不至被逐渐弱化甚至架空。

三、人均平等排放权原则

（一）人均平等排放权原则的涵义

人均平等排放权原则是国际温室气体减排责任分担机制的另一个基本原则，其基本涵义是"温室气体的排放份额应当视为一种公共财产，地球上所有居民对温室气体排放额这一公共财产平等地享

---

〔1〕 Werner Scholtz, "Different Countries, One Environment: A Critical Southern Discourse on the Common but Differentiated Responsibilities Principle", *South African Yearbook of International Law*, Vol. 33, 2008, pp. 113~116.

〔2〕 刘晗、李静:《气候变化视角下共同但有区别责任原则研究》，知识产权出版社2012年版，第146页。

有排放权"。[1]

人均平等排放权首先源于温室气体排放空间的稀缺性和可分配性。人类只有一个地球，地球上的大气资源是人类赖以生存的基础。温室气体排放空间是人类生存和生活必不可少的基本需求，享用温室气体排放空间是人类共享自然资源和人文发展的基本权利。但同时，大气中温室气体排放空间又是有限的，在工业革命之后，温室气体排放空间逐渐成为稀缺资源。由于大气层的温室气体容纳能力是有限的，温室气体排放空间可以被视为是一种环境容量和一种全球公共的资源。由于温室气体排放空间具有的外部性，地球上的每一个人都可以利用，因此不具有物理空间上的可分割性。同时，温室气体排放空间具有可分配性，可以将温室气体排放空间的总量进行量化分割，分配到每一个使用人。[2] 对于全球公共资源，应当公平地在全世界进行分配。于是，人均平等排放权的概念就应运而生了。

人均平等排放权背后的理念是人人平等地享有对温室气体排放空间这种全球公共资源的权利。从全球民主合法性的角度看，一个公正的分担方案应该是一个世界上最大多数人所承认和接受的方案。正如印度前总理瓦杰帕伊（Vajpayee）所言，"我们不相信民主的规范原则能够支持除世界上所有居民平等地享有利用生态资源的权利以外的其他任何规范"[3]。显然，代表着世界多数居民的发展中国家倾向于支持"人均平等排放权"的分配标准来分配温室气体的排放额度这一全球性的公共生态资源。[4] 从人权保护的角度看，

---

〔1〕 曹明德："气候变化的法律应对"，载《政法论坛》2009年第4期，第163页。

〔2〕 李静云：《走向气候文明：后京都时代气候保护国际法律新秩序的构建》，中国环境科学出版社2010年版，第187~192页。

〔3〕 这是瓦杰帕伊在新德里召开的第八次缔约方会议上的发言，原文为"We do not believe that the ethos of democracy can support any norm other than equal per capita rights to global environmental resources."发言全文见http：//unfccc. int/cop8/latest/ind_ pm3010. pdf.

〔4〕 徐以祥："气候保护和环境正义——气候保护的国际法律框架和发展中国家的参与模式"，载《现代法学》2008年第1期，第190页。

根据《经济、社会、文化权利国际公约》第 2 条的规定，"公约所宣布的权利应予以普遍行使，而不得有例如种族、肤色、性别、语言、宗教、政治或其他见解、国籍或社会出身、财产、出生或其他身份等任何区分"，而平等保护各国公民分享全球气候资源的权利则是人权保护精神的体现。[1]

（二）人均平等排放权原则在气候变化国际法文件中的体现

与共同但有区别责任原则不同，人均平等排放权原则并未在《公约》等文本中以明确的字眼出现，但是《公约》第 3 条规定的各项原则体现了人均平等排放权的精神。例如，第 3 条第 1 款规定，各缔约方应当为人类当代和后代的利益保护气候系统；第 3 条第 2 款规定，"应当充分考虑到发展中国家缔约方尤其是特别易受气候变化不利影响的那些发展中国家缔约方的具体需要和特殊情况，也应当充分考虑到那些按本公约必须承担不成比例或不正常负担的缔约方特别是发展中国家缔约方的具体需要和特殊情况"。这说明不论是发展中国家还是发达国家都平等地享有大气资源，并且对受气候变化不利影响的发展中国家缔约方对大气资源的权利应特别保护。这也意味着，人均平等排放权原则中的平等不是形式上的均等，而是实质上的平等，即在考虑各国情况差别的基础之上的平等。并且，人均平等排放权可以用作衡量一个国家排放空间大小及承担减排义务多少的标准。[2] 从这个角度上说，人均平等排放权原则与共同但有区别责任原则是相互补充、相辅相成的。

（三）人均平等排放权原则的具体适用

人均平等排放权原则可以转换为人均碳排放水平等指标，从而具体适用于国际温室气体减排责任分担机制的内容设计中。

首先，人均碳排放水平可以作为国家承担法律强制性减排义务

---

〔1〕 徐以祥："气候保护和环境正义——气候保护的国际法律框架和发展中国家的参与模式"，载《现代法学》2008 年第 1 期，第 190 页。

〔2〕 徐以祥："气候保护和环境正义——气候保护的国际法律框架和发展中国家的参与模式"，载《现代法学》2008 年第 1 期，第 191 页。

和区分减排义务大小的指标。具体来说,可以将一个国家的人均排放水平与世界人均排放水平作比较,如果前者远远高于后者,那么该国就应当承担强制性减排义务;如果前者远低于后者,则不应要求该国承担强制性减排义务。例如,德国和荷兰学者尼克拉斯·霍纳(Niklas Höhne)、迈克尔·德·艾尔曾(Michel den Elzen)、马丁·维斯(Martin Weiss)就在人均碳排放水平的基础上提出以"共同但有差别的趋同"(common but differentiated convergence,CDC)作为长期气候责任分担方法,附件一国家和非附件一国家的人均碳排放都应在一定期间降低到一个较低的水平,但是非附件一国家在其人均碳排放水平高于全球平均水平之后才被要求开始减排,在达到全球平均水平之前可以自愿制定减排目标。[1]

其次,人均平等排放权原则可以作为一项远期目标。鉴于历史上发达国家排放了大量的温室气体,而很多发展中国家的工业化进程才刚刚起步,因此,要在短期内实现人均平等排放权是不现实的。在承认发达国家和发展中国家在温室气体排放的巨大差距的基础上,可行的办法是将人均平等排放权作为一个远期目标。发达国家应尽快降低人均碳排放水平,而发展中国家则在可持续发展的基础上适当增加人均碳排放水平,直至在远期的某个时间点,发达国家和发展中国家的人均碳排放水平能够大致相当,从而实现人均平等排放权。

最后,应当注意人均平等排放权原则存在一定的局限性。与共同但有区别责任原则相似,人均平等排放权原则也存在一定的缺陷。其一,这一原则最明显的缺陷是可能鼓励以增加人口的方式扩大一国碳排放空间,而这与全球控制人口增长、实现可持续发展的目标存在一定的冲突。其二,人均原则难以适应各种复杂的多样化

---

〔1〕 Niklas Höhne, Michel den Elzen, Martin Weiss, "Common but Differentiated Convergence (CDC): A New Conceptual Approach to Long-term Climate Policy", *Climate Policy*, Vol. 6, No. 2, 2006, pp. 181~199.

的因素。例如，在西伯利亚过冬的人可能就比在气候温和的悉尼生活的居民需要更多温室气体排放空间。其三，确定一个人均排放权的阈值存在一定的难度。要实现人均平等排放权原则，就需要设立一个人均排放权的阈值作为当下判断的标准或长期实现的目标，但是考虑到各个国家的特殊性，很难设定一个公平的人均排放阈值。[1]

表面上看，这是人均平等排放权原则本身的缺陷，实质上这是因为人均平等排放权原则与共同但有区别责任原则之间存在的一定程度的紧张关系。笔者认为，要正确地适用人均平等排放权原则，就不能简单地、僵化地将各国人均排放权同一化或等同化，而是要考虑到各国的现实情况和共同但有区别责任原则的要求，在短期内灵活地运用人均平等排放权原则。通过逐步缩小发达国家和发展中国家人均碳排放水平的差距，最终在远期实现人均排放权平等的目标。

---

〔1〕 龚向前："解开气候制度之结——'共同但有区别的责任'探微"，载《江西社会科学》2009 年第 11 期，第 137 页。

国际温室气体减排责任分担
机制的构成

如果说基本理论是国际温室气体减排责任分担机制的根基，那么构成要素则是国际温室气体减排责任分担机制的树权，连接着国际温室气体减排责任分担机制和各个组成部分。基本理论积淀于内而构成要素显露于外，两者的联系在于基本理论是各个构成要素的源泉，而构成要素则是基本理论的具体体现。国际温室气体减排责任分担机制的构成要素分为静态和动态两类，其中静态构成要素包括主体、客体、目标三部分，动态构成要素又称运行要素，包括收集排放信息、分配减排指标、核查减排信息三个主要步骤。

第一节　国际温室气体减排责任分担机制的主体

一、国际温室气体减排责任分担机制的主体概述

无机构和程序保障实施的规则会产生法律不确定性。[1] 要想

---

〔1〕 Farhana Yamin, Joanna Depledge, *The International Climate Change Regime: A Guide to Rules, Institutions and Procedures*, Cambridge University Press, 2004, p. 382.

建立一个完整的国际温室气体减排责任分担机制，首先要明确相应的机构，赋予其职权，然后按照一定的程序和机制投入运行。参加应对气候变化国际谈判的主体，既有各国政府和《公约》大会等国际机构，也有环境非政府组织、代表土著居民的组织、各国的科研机构，还包括国内企业或跨国企业、个人等。

国际温室气体减排责任分担机制的主体解决的是由谁分担的问题，具体来说包括决策主体、执行主体、责任承担主体、监督主体这几类不同的主体。其中决策主体是《公约》缔约方会议和《京都议定书》缔约方会议；执行主体包括两个特设工作组；责任承担主体为各个缔约国；监督主体则包括环境非政府组织、代表土著居民的组织、各国的科研机构、企业、个人等。

二、国际温室气体减排责任分担机制的主体类型

（一）决策主体

国际温室气体减排责任分担机制的决策主体有两类：一为《公约》缔约方会议，二为《京都议定书》缔约方会议。决策主体的职能在于确立、形成国际温室气体减排责任分担机制的有关政策、决议等。

1.《公约》缔约方会议

缔约方会议（Conference of the Parties，COP）是《公约》的最高决策机构，由《公约》的所有缔约方参加。根据《公约》第7条规定，缔约方会议应定期审评《公约》和缔约方会议可能通过的任何相关法律文书的履行情况，并应在其职权范围内作出为促进本公约的有效履行所必要的决定。缔约方会议的职权包括以下几方面：①根据本公约的目标、在履行本公约过程中取得的经验和科学与技术知识的发展，定期审评本公约规定的缔约方义务和机构安排；②促进和便利就各缔约方为应付气候变化及其影响而采取的措施进行信息交流，同时考虑到各缔约方不同的情况、责任和能力以及各自在本公约下的承诺；③应两个或更多的缔约方的要求，便利将这些缔约方为应付气候变化及其影响而采取的措施加以协调，同时考虑到各缔约方不同的情况、责任和能力以及各自在本公约下的承诺；④依照本公约的目标和规定，促进和指导发展和定期改进由缔约方会议议定的，除其他外，用来编制各种温室气体源的排放和各种汇的清除的清单，和评估为限制这些气体的排放及增进其清除而采取的各种措施的有效性的可比方法；⑤根据依本公约规定获得的所有信息，评估各缔约方履行公约的情况和依照公约所采取措施的总体影响，特别是环境、经济和社会影响及其累计影响，以及当前在实现本公约的目标方面取得的进展；⑥审议并通过关于本公约履行情况的定期报告，并确保予以发表；⑦就任何事项作出为履行本公约所必需的建议；⑧按照第 4 条第 3、4、5 款及第 11 条，设法动员资金；⑨设立其认为履行公约所必需的附属机构；⑩审评其附属机构提出的报告，并向它们提供指导；⑪以协商一致方式议定并通过缔约方会议和任何附属机构的议事规则和财务规则；⑫酌情寻求和利用各主管国际组织和政府间及非政府机构提供的服务、合作和信息；⑬行使实现本公约目标所需的其他职能以及依本公约所赋予的所有其他职能。

2.《京都议定书》缔约方会议

《京都议定书》缔约方会议，全称"作为《京都议定书》缔约方会议的《公约》缔约方会议"（Conference of the Parties Serving as the Meeting of the Parties to the Kyoto Protocol，CMP），由所有《京都议定书》的缔约方参与。《京都议定书》缔约方会议负责审评与《京都议定书》有关的执行情况，并通过各种决定以推进《京都议定书》的有效执行。自 2005 年在蒙特利尔举行第一届《京都议定书》缔约方会议以来，《京都议定书》缔约方会议已举行了七届。最近一次为 2011 年在德班举行的第七届《京都议定书》缔约方会议。

（二）执行主体

国际温室气体减排责任分担机制的执行主体是具体执行国际温室气体减排责任分担各项基本工作的主体，它指的是在《公约》和

《京都议定书》下设的两个特设工作组:《京都议定书》特设工作组
(Ad Hoc Working Group on Further Commitments for Annex I Parties
under the Kyoto Protocol, AWG – KP) 和长期合作行动特设工作组
(Ad Hoc Working Group on Long – term Cooperative Action under the
Convention, AWG – LCA)。

　　《京都议定书》特设工作组是于 2005 年在蒙特利尔由第 1/
CMP. 1 号决定设立的一个附属机构,从 2006 年开始启动《京都议
定书》第二承诺期新的减排目标的谈判。长期合作行动特设工作组
是于 2007 年在《公约》之下由《巴厘岛行动计划》(第 1/CP. 13
号决定) 设立的一个附属机构,以通过目前、2012 年以前和 2012
年以后的长期合作行动,充分、有效和持续地执行《公约》,以争
取在将来的缔约方会议上达成议定结果并通过一项决定,并计划于
2009 年第十五次缔约方大会上结束谈判。《巴厘岛行动计划》还具
体规定了长期合作行动特设工作组谈判的主要内容,包括:长期合
作愿景;作为非《京都议定书》缔约方的发达国家的减排目标及其
可比性问题;发展中国家在发达国家于技术转让、资金和能力建设
等方面提供援助的前提下,采取适宜的国家减缓行动(NAMA)的
问题;及其对上述发达国家在技术转让、资金和能力建设提供援助
及相应发展中国家适宜减缓行动的测量、报告与核查问题、技术开
发与转让问题、资金援助问题、适应气候变化问题等一系列问
题。[1]《巴厘岛行动计划》的出台标志着双轨制谈判机制的形成,
即分别由 AWG – KP 和 AWG – LCA 在《公约》和《京都议定书》
之下开展未来减排承诺的谈判。

　　2009 年,在哥本哈根举行的第十五次缔约方大会上,发达国
家和发展中国家在长期合作行动方面存在重大分歧,并没有按照
《巴厘岛行动计划》完成规定的谈判任务。2010 年,在坎昆举行的

----

〔1〕　绿色公司:"从全球气候进程的历史脉络,看国际保护气候努力的未来趋势",
http://www. cbeex. com. cn/article/xsyj/xsbg/201010/20101000024706. shtml.

第十六次缔约方大会通过第 1/CP. 16 号决定，将《公约》之下的长期合作行动特设工作组的任务延长一年，使之能继续开展工作，以期执行第 1/CP. 16 号决定所载的各项任务，并将结果向缔约方会议报告，供第十七次缔约方大会审议。[1] 同时第六届《京都议定书》缔约方大会通过第 1/CMP. 6 号决定，同意附件一缔约方在《京都议定书》之下的进一步承诺问题特设工作组应根据第 1/CMP. 1 号决定争取尽早及时完成工作，并将结果提交作为《京都议定书》缔约方会议的《公约》缔约方会议通过，以确保第一个承诺期与第二个承诺期之间不致间断。[2]

（三）责任承担主体

国际温室气体减排责任分担机制的责任承担主体是各个缔约方。具体来说，《公约》共有 196 个缔约方，包括 195 个国家和 1 个区域经济一体化组织（regional economic integration organization, 即欧盟），[3] 而《京都议定书》共有 192 个缔约方。[4] 目前，联合国共有 193 个成员国，与《公约》和《京都议定书》的成员基本相同。[5]《公约》和《京都议定书》的缔约国基本可以划分为发达国家和发展中国家两大类，这一划分沿用了联合国对发达国家和发展中国家的划分标准。

联合国将所有成员国分为发达国家和发展中国家两大类。就区分的标准而言，早期采用的是人均 GDP。但是由于人均 GDP 波动大，又只代表了经济水平，联合国开发计划署（UNDP）编制了"人类发展指数"（HDI, Human Development Index）来划分发达国

---

〔1〕《坎昆协议：〈公约〉之下的长期合作问题特设工作组的工作结果》，第 143 条。

〔2〕《坎昆协议：附件一缔约方在〈京都议定书〉之下的进一步承诺问题特设工作组第十五届会议的工作结果》，第 1 条。

〔3〕 http：//unfccc. int/essential_ background/convention/status_ of_ ratification/items/2631. php.

〔4〕 http：//unfccc. int/kyoto_ protocol/status_ of_ ratification/items/2613. php.

〔5〕 http：//www. un. org/en/members/growth. shtml.

家和发展中国家。人类发展指数使用三个指标计算：①人口健康水平，主要用人均寿命来衡量；②教育和知识水平，用文盲率、入学率等指标来衡量；③生活质量，使用人均国内生产总值来衡量。根据 UNDP 发布的《2014 年人文发展报告》，发达国家或地区的数量由 2013 年的 47 个上升到 2014 年的 49 个。[1]

1. 发达国家

联合国系统中的发达国家。依是否为经济合作发展组织（OECD）成员，又可以分为 OECD 成员国和非 OECD 成员国。[2]而《公约》以附件一和附件二的形式列举了在气候变化国际应对中的发达国家，并将发达国家区分为经济转型国家和非经济转型国家。其中，附件一包括 42 个缔约国和欧盟（其中包含 14 个经济转型国家），[3] 附件二包括 23 个缔约国和欧盟。经济转型国家指的是正在朝市场经济过渡的国家，主要由东欧、中欧和前苏联成员国组成，包括白俄罗斯、保加利亚、克罗地亚、捷克共和国、爱沙尼亚、匈牙利、拉脱维亚、立陶宛、波兰、罗马尼亚、俄罗斯联邦、斯洛伐克、斯洛文尼亚、乌克兰。在苏联解体和东欧剧变以后，经济转型国家的经济出现了巨大倒退，经过十年左右的调整才逐渐恢复。由于《京都议定书》下对经济转型国家的目标仍参考 1990 年水平，这些国家拥有大量的"热空气"，用于销售或履行承诺。[4]因此，与附件二缔约方相比，对于附件一中的经济转型国家，允许

---

〔1〕 http：//hdr. undp. org/en/global － reports.
〔2〕 OECD 的最初成员国是：奥地利、比利时、加拿大、丹麦、法国、德国、希腊、冰岛、爱尔兰、意大利、卢森堡、荷兰、挪威、葡萄牙、西班牙、瑞典、瑞士、土耳其、英国和美国。下列国家按时间顺序分别在示于其后的日期加入 OECD：日本（1964 年）、芬兰（1969 年）、澳大利亚（1971 年）、新西兰（1973 年）、墨西哥（1994 年）、捷克共和国（1995 年）、匈牙利（1996 年）、波兰（1996 年）和韩国（1996 年）。
〔3〕 1992 年《公约》中附件一缔约方为 41 个（40 个缔约国和欧盟），后新增了塞浦路斯和马耳他，现有附件一缔约方为 43 个（42 个缔约国和欧盟）。
〔4〕 庄贵阳、朱仙丽、赵行姝：《全球环境与气候治理》，浙江人民出版社 2009 年版，第 161 页。

其有一定程度的灵活性以增强他们应对气候变化的能力；而附件二缔约方则需为发展中国家提供资金、技术援助等义务，还应帮助特别易受气候变化不利影响的发展中国家缔约方支付适应这些不利影响的费用。[1]

除了经济转型国家和非经济转型国家之外，由于各国的利益分化，发达国家内部形成了不同的利益集团，其中最主要的利益集团包括欧盟、伞形集团、环境完整性集团。

欧盟（European Union）是一个区域经济一体化组织，由 27 个成员国组成。欧盟作为《公约》的缔约方之一，一直积极地推动国际社会应对气候变化问题。但在金融危机爆发后，欧盟的谈判态度走向消极，在资金和技术转让问题上，欧盟显得缺乏诚意。欧盟内部也存在着许多不一致的声音。例如，英国热衷于低碳发展，就2020 年后的碳减排目标作出承诺，而依赖于高排放能源的波兰则在减排问题上相对消极。[2]

伞形集团（Umbrella Group）是在《京都议定书》通过之后，由欧盟之外的发达国家形成的一个松散同盟。伞形集团的名称从何而来尚无定论，一般的说法是将该集团的成员在地图上用线连起来就像一把伞，也象征着地球的保护伞，故此得名。虽然没有正式的名单，但伞形集团的成员国通常包括澳大利亚、加拿大、日本、新西兰、挪威、俄罗斯、乌克兰和美国。[3] 伞形集团之间更多地通过非正式沟通和协调，商定各国立场。伞形集团以美国为首，集结其他非欧盟发达国家和俄罗斯、乌克兰等组成，经常一起讨论各种

---

〔1〕 孙振清主编：《全球气候变化谈判历程与焦点》，中国环境出版社 2013 年版，第 211 页。

〔2〕 孙振清主编：《全球气候变化谈判历程与焦点》，中国环境出版社 2013 年版，第 203～204 页。

〔3〕 孙振清主编：《全球气候变化谈判历程与焦点》，中国环境出版社 2013 年版，第 204 页。

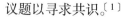
议题以寻求共识。[1]

环境完整性集团（Environmental Integrity Group，EIG）形成于2000 年，成员包括墨西哥、韩国和瑞士。其名称源于三个国家都号称维护环境的完整性，但由于 EIG 的影响力较弱，在谈判中难以发挥实质性作用。[2] 此外，在气候变化问题上还有一些其他集团，如石油输出国组织（OPEC），中亚、高加索国家和阿尔巴尼亚、马尔代夫组成的一个集团（CACAM），阿拉伯国家联盟，法语国家联盟等。[3]

2. 发展中国家

在发展中国家中，各国的经济发展水平有所不同。依据联合国的划分，可以将发展中国家分为最不发达国家（Least Developed Countries，LDCs）、内陆发展中国家（Landlocked Developing Countries，LLDCs）、小岛屿发展中国家（Small Island Developing States，SIDS）和其他发展中国家。[4] 而在气候变化领域中，根据各国利益的不同，可以将发展中国家分为不同的利益集团，包括 77 国集团、小岛屿国家联盟、最不发达国家等。

77 国集团（G77）成立于 1964 年。在 1964 年第一届联合国贸易发展会议（UN Conference on Trade and Development，UNCTAD）上，77 个发展中国家和地区发表了联合宣言，自此称为 77 国集团，其宗旨为维护发展中国家的根本利益。现在 77 国集团的成员国已

---

〔1〕 伞形集团初期名称为 JUSCANZ，为日本、美国、加拿大、澳大利亚、新西兰的国名缩写简称。其后，瑞士、挪威陆续加入，成为 JUSSCANNZ。参见庄贵阳、陈迎：《国际气候制度与中国》，世界知识出版社 2005 年版，第 75 页。

〔2〕 庄贵阳、朱仙丽、赵行姝：《全球环境与气候治理》，浙江人民出版社 2009 年版，第 162～163 页。

〔3〕 参见《公约》官网对利益集团的介绍。UNFCCC, *Party Groupings*, http：//unfccc. int/parties_ and_ observers/parties/negotiating_ groups/items/2714. php.

〔4〕 联合国为此专门成立了最不发达国家、内陆发展中国家、小岛屿发展中国家办公室，为这些不发达的发展中国家提供资源和资助，参见 http：//www. un. org/zh/aboutun/structure/unohrlls/.

发展到一百三十多个。中国不是 77 国集团的成员，但是同 77 国集团保持着良好的合作关系。在气候变化领域中，"77 国集团 + 中国"是发展中国家利益的最大代表，用以维护发展中国家在应对气候变化领域的利益。由于集团内部对气候变化问题的观点存在分歧，"77 国集团 + 中国"内部又可分为基础四国、非洲国家集团、小岛屿国家联盟、最不发达国家等。

基础四国指的是巴西（Brazil）、南非（South Africa）、印度（India）、中国（China），取各首字母组成 BASIC，中文意为基础，故称为基础四国，基础一词也喻指中国、印度、巴西、南非为当今世界最重要的发展中国家。基础四国本来属于"77 国集团 + 中国"的子集团，但随着谈判的深入，集团内部利益诉求不同，继续深化的分歧不断加大集团的分裂趋势，这使得利益诉求和谈判立场共同点更多的基础四国团结在一起。基础四国作为世界上最大的发展中国家的代表，有其发展中的共性即都处于工业化快速发展的过程中，但同时由于面临发展和减排的困境，也需要发达国家给予相关的资金和技术支持，以增强其减排力度。然而，基础四国内部不同的国情决定了各国在具体利益上又存在一定的差异。[1]

小岛屿国家联盟（Alliance of Small Island States, AOSIS）是一个低海岸国家与小岛屿国家的政府间组织，成立于 1990 年，其宗旨是加强小岛屿发展中国家（Small Island Developing States, SIDS）在应对全球气候变化中的声音。1992 年，在里约环发大会上小岛屿发展中国家的概念被国际社会确认。目前小岛屿发展中国家共有 51 个成员，其中 37 个成员属于联合国成员国，另有 14 个成员是非

---

〔1〕 孙振清主编：《全球气候变化谈判历程与焦点》，中国环境出版社 2013 年版，第 205 页。

联合国会员国或区域委员会联系成员。[1] 小岛屿国家均为发展中
国家，其中有 11 个国家同时为最不发达国家。[2] 小岛屿国家联盟
大部分是 77 国集团成员，是特别容易受到海平面上升影响的联盟。
他们大都分布在沿海小而分散的岛屿上，拥有相对丰富的生物多样
性，但自然资源相对缺乏；隔绝的地理环境、小规模的经济发展和
狭窄的产品种类等导致他们高度依赖于国际贸易，具有生态和经济
上的双重脆弱性。小岛屿国家因气候变化对他们生存的威胁经常在
谈判中采取共同立场。他们最早在《京都议定书》的谈判中提出草
案，要求 2050 年比 1990 年削减 20% 的二氧化碳排放量。[3]

　　"最不发达国家" 一词最早出现在 1967 年 77 国集团通过的
《阿尔及利亚宪章》中。1971 年联合国大会通过了正式把最不发达
国家作为国家类别的 2678 号决议。作为最不发达国家的这类国家，

---

〔1〕　作为联合国成员国的 37 个小岛屿发展中国家分别是安提瓜和巴布达、巴哈
马、巴巴多斯、伯利兹、佛得角、科摩罗、古巴、多米尼克、多米尼加、斐济、格林纳
达、几内亚比绍、圭亚那、海地、牙买加、基里巴斯、马尔代夫、马绍尔群岛、密克罗
尼西亚联邦、毛里求斯、瑙鲁、帕劳、巴布亚新几内亚、西萨摩亚、圣多美和普林西
比、新加坡、圣基茨和尼维斯、圣卢西亚圣文森特和格林纳丁斯、塞舌尔、所罗门群
岛、苏里南、东帝汶民主共和国、汤加、特立尼达和多巴哥、图瓦卢、瓦努阿图。14 个
非联合国成员国的小岛屿国家包括美属萨摩亚、安圭拉、阿鲁巴、英属维尔京群岛、北
马里亚纳群岛、库克群岛、法属波利尼西亚、关岛、蒙特塞拉特、荷属安的列斯群岛、
新喀里多尼亚、纽埃、波多黎各、美属维尔京群岛。UN - OHRLLS, The Impact of Climate
Change on the Development Prospects of the Least Developed Countries and Small Island Develo-
ping States (2009), p. 10, table 2, http：//www. unohrlls. org/UserFiles/File/LDC% 20 Docu-
ments/The% 20impact% 20of% 20CC% 20on% 20LDCs% 20and% 20SIDS% 20for% 20web. pdf.

〔2〕　这 11 个同属 LDCs 和 SIDS 的国家为科摩罗、几内亚比绍、海地、基里巴斯、
马尔代夫、西萨摩亚、圣多美和普林西比、所罗门群岛、东帝汶民主共和国、图瓦卢、
瓦努阿图。UN - OHRLLS, The Impact of Climate Change on the Development Prospects of the
Least Developed Countries and Small Island Developing States (2009), p. 13, table 4, http：//
www. unohrlls. org/UserFiles/File/LDC% 20Documents/The% 20impact% 20of% 20CC% 20on%
20LDCs% 20and% 20SIDS% 20for% 20web. pdf.

〔3〕　孙振清主编：《全球气候变化谈判历程与焦点》，中国环境出版社 2013 年版，
第 209 页。

其特点是普遍贫穷，国家的经济、体制和人力资源存在结构性弱点，而不利的地理位置往往使这些弱点更加明显。[1] 目前有 48 个国家被联合国确定为"最不发达国家",[2] 其中 33 个在非洲、14 个在亚洲及太平洋地区、1 个在拉丁美洲和加勒比海地区。经济及社会理事会每隔三年对名单审查一次。用来确定这份最不发达国家名单的标准是：①低收入，以人均国内生产总值衡量；②人力资源薄弱，以基于出生时预期寿命、人均卡路里摄入量、中小学综合入学率以及成人文化水平等指标的综合指数衡量；③经济多样化程度低，以基于制造业在国内生产总值中所占份额、劳动力在工业中所占份额、商业能源人均年消耗量以及贸发会议商品出口富集指数的综合指数衡量。[3]

（四）监督主体

在决策主体、执行主体、责任承担主体之外，国际温室气体减排责任分担机制中还存在一类监督主体。国际温室气体减排责任分担机制主要由各个非政府组织（Non - governmental organization, NGO）、国内外研究机构、公众等组成，其职能是在国际温室气体减排责任分担机制的决策制定、执行过程中确保责任分担体现正义、公平的价值，遵守基本原则的要求，并促使各缔约方履行减排承诺。

在各项监督主体中，非政府组织是最主要的监督主体。在一年一度的联合国气候变化大会上，参加的代表分为四类：缔约方代

---

〔1〕 http://www.un.org/zh/conf/ldc/.

〔2〕 这 48 个最不发达国家分别为：阿富汗、安哥拉、孟加拉国、贝宁、不丹、布基纳法索、布隆迪、柬埔寨、佛得角、中非共和国、乍得、科摩罗、刚果民主共和国、吉布提、赤道几内亚、厄立特里亚、埃塞俄比亚、冈比亚、几内亚、几内亚比绍、海地、基里巴斯、老挝人民民主共和国、莱索托、利比里亚、马达加斯加、马拉维、马尔代夫、马里、毛里塔尼亚、莫桑比克、缅甸、尼泊尔、尼日尔、卢旺达、萨摩亚、圣多美和普林西比、塞拉利昂、所罗门群岛、索马里、苏丹、多哥、图瓦卢、乌干达、坦桑尼亚联合共和国、瓦努阿图、也门、赞比亚。

〔3〕 http://www.un.org/chinese/events/ldc3/list.htm.

表、观察员、非政府组织代表以及媒体代表。广义上的非政府组织包括各类环境团体、研究机构和私营机构。狭义上的非政府组织仅指以服务社会或影响政府决策为目的的非营利性志愿者团体和组织。非政府组织通过组织各种宣传活动、进行相关科学研究和游说，影响着国内外的环境政策和立法。[1] 近年来，非政府组织在推动国际社会应对气候变化，尤其是承担温室气体减排责任方面发挥着越来越重要的作用。这主要是因为非政府组织不隶属于各国政府，具有一定的中立性和客观性。在应对气候变化问题上，非政府组织可以凭借其研究能力或技术优势，为《公约》决策机构和各国政府建言献策，并监督各个缔约方履行其承诺，从而有效地参与到国际温室气体减排责任分担机制的运行过程中。

综上所述，国际温室气体减排责任分担机制的主体包括《公约》和《京都议定书》缔约方会议、两个特设工作组、各个缔约方、非政府组织等。其中，《公约》和《京都议定书》缔约方会议是最重要的决策机构，而国际温室气体减排责任分担机制能否成功运行则取决于各个缔约方。

第二节　国际温室气体减排责任分担机制的客体

一、国际温室气体减排责任分担机制客体的概念

客体是与主体相对的一个概念。在法律上，客体一般是指主体的权利和义务所指向的对象。而国际温室气体减排责任分担机制中的客体解决的是"分担什么"的问题。换言之，国际温室气体减排责任分担机制中的客体是《公约》缔约方会议、《京都议定书》缔约方会议、各缔约方等主体所争议的对象——国际温室气体减排

---

〔1〕 庄贵阳、朱仙丽、赵行姝：《全球环境与气候治理》，浙江人民出版社 2009 年版，第 175～176 页。

责任。

国际温室气体减排责任指的是《公约》缔约方违反根据《公约》、《京都议定书》等气候变化国际法中有关减排承诺的规定，而承担的国际法上的法律责任。它包含以下几方面的涵义：

第一，国际温室气体减排责任的对象是温室气体。目前为止，根据《京都议定书》的规定，温室气体包括二氧化碳、甲烷、氧化亚氮、氢氟碳化物、全氟化碳、六氟化硫六类，但不排除以后以《京都议定书》修正案的形式将黑碳等其他物质列入温室气体清单。

第二，国际温室气体减排责任是一种国际责任。一些国家可能为应对气候变化制定了一些包含减排义务的国内法，但违反这些国内法的规定而承担的法律责任是国内法上的法律责任，不属于本书研究范畴。

第三，国际温室气体减排责任是一种国家责任。按是否承担量化减排承诺的不同，国际温室气体减排责任既可能是一种国际不法行为的责任，也可能是国际法不加禁止行为的国家责任。

第四，国际温室气体减排责任针对的是减排承诺。这种减排承诺（commitment）是《京都议定书》的核心内容，不同于《公约》和《京都议定书》规定的其他一般性义务。

第五，国际温室气体减排责任是国家应对气候变化诸多责任中的一种。除减排责任之外，国家还承担提供履行信息、资金援助、技术转让等方面的责任。减排责任是国家应对气候变化国际责任中最核心的责任。

二、以国际温室气体减排责任为客体的意义

在以往的学者研究中，常常以温室气体减排空间或碳排放权为客体研究气候变化中的分担机制。本书选择以国际温室气体减排责任为客体，其意义在于：

首先，以国际温室气体减排责任为客体有利于提高各缔约国承担减排责任的积极性。国际温室气体减排责任强调每一个缔约国有责任保护气候系统、减缓气候变化以及控制本国的温室气体排放

量。这种责任是与《公约》、《京都议定书》等气候变化国际法文件中规定的减缓义务相适应，是每一个缔约国无法推卸的法律责任。在减排责任的压力下，缔约国会更积极地加强国际合作，共同采取各项有利于减缓气候变化的措施和技术。

其次，以国际温室气体减排责任为客体避免各缔约方争抢碳排放空间，从而能够避免产生"公地悲剧"。如果强调以温室气体减排空间或碳排放权为客体，缔约国更倾向于将碳排放视为一种公共气候资源。以此为出发点，为了维护本国在气候资源上的利益，各缔约国在国际气候谈判中会尽量多地为本国争取温室气体排放空间或碳排放权，而忽略对全球碳排放总量的控制。相较而言，以国际温室气体减排责任为客体则强调了对大气资源的利用是一种权利的同时，更多的是一份责任，从而能够避免产生"公地悲剧"。

最后，以国际温室气体减排责任为客体与气候变化国际应对法律机制的核心——共同但有区别责任原则相适应。共同但有区别责任原则是历届气候谈判的核心和重点，也是气候变化国际应对的关键问题。国际社会应对气候变化应以责任为本位，而非以权利为本位。以国际温室气体减排责任为客体突出了现有气候谈判的核心问题，与责任本位的途径相适应。

因此，本书以国际温室气体减排责任为客体，突出国际温室气体减排责任分担机制中的责任属性。

第三节 国际温室气体减排责任分担机制的目标

国际温室气体减排责任分担机制的目标解决的是"通过分担达成什么目的"的问题。在设立减排责任目标时，应当考虑两个问题：一是以何标准确立目标；二是以何形式确立目标。

一、目标确立的标准

设立国际温室气体减排责任分担目标首先涉及公平问题，即在各国之间公平地分担减排责任。但同时也需要考虑目标的有效性问题，即设立的分担目标能够实现《公约》的最终目标。因此，国际温室气体减排责任分担机制的目标应符合两个标准：公平性标准和有效性标准。

（一）公平性标准

公平原则是国际温室气体减排责任分担的基本原则。尽快地减少全球温室气体排放量，尽量减少气候变化造成的负面影响和可能的风险，是全世界共同的美好愿望。但在全球共同合作行动中，也必须考虑发展中国家的发展需求和公平发展的权利。[1] 具体到减排目标上看，就要求对于所有国家不能设立相同的目标，而应区分发达国家和发展中国家，设立各自的减排目标。在对发达国家设立目标时应考虑到，在历史上和目前全球温室气体排放的最大部分源自发达国家，并且发达国家在温室气体减排的能力和资源方面拥有更多的优势。在对发展中国家设立目标时应考虑到发展中国家的具体需要和特殊情况，分阶段地设立合理的减排目标，同时考虑到经济发展对于采取措施应对气候变化是至关重要的，设立的目标应促进发展中国家的可持续经济增长和发展。

（二）有效性标准

有效性标准首先意味在对各国分担减排责任之后，能够实现《公约》的最终目标。《公约》第 2 条规定，"本公约以及缔约方会议可能通过的任何相关法律文书的最终目标是：根据本公约的各项有关规定，将大气中温室气体的浓度稳定在防止气候系统受到危险的人为干扰的水平上。这一水平应当在足以使生态系统能够自然地适应气候变化、确保粮食生产免受威胁并使经济发展能够可持续地进行的时间范围内实现。"有效性标准还意味着对技术可行性和可接受性的考虑。技术可行性指对各国设立的目标和全球总目标应当

---

〔1〕 何建坤等："全球长期减排目标与碳排放权分配原则"，载《气候变化研究进展》2009 年第 6 期，第 366 页。

符合各个国家和全球减缓气候变化的有关科学技术。目标并不是设立得越高就越好，目标的设定受当前技术发展的限制，因此一个切实可行的目标（尤其是短期目标）必须是技术上可行的目标。可接受性指设置的目标能够为世界上大多数国家所接受。只能在大多数国家对一个目标达成基本一致的意见时，才可能经过各国的合作努力来实现这一目标。

因此，在设置国际温室气体减排责任分担机制的目标时，既需要考虑发达国家和发展中国家的不同情况，设置对各缔约方公平的减排目标，又需要考虑《公约》的最终目标，保证在各国分担各自减排责任之后能最终实现《公约》的目标；既需要考虑现有的技术可行性，不能好高骛远，也需要考虑各国的可接受性，确保目标设立之后大多数国家愿意为实现这一目标而共同努力。

二、目标确立的形式

目前，国际温室气体减排责任分担的目标可以划分为两种形式，升温目标和温室气体浓度目标。

（一）升温目标

这里的升温是指与工业革命前的温度对比而言。根据 IPCC 的正式评估，温度比工业革命之前升高 2℃是能够避免危险气候变化的最低阈值。如果升温超过 2℃则会给社会和生态系统带来难以弥补的伤害，贫困国家和社区、生态系统功能和生物多样性将处于危险之中。[1]

近年来缔约方会议以缔约方会议决定的形式逐步将 2℃升温目标正式确立下来。2009 年通过的《哥本哈根协议》第一次提出"认识到科学意见认为全球升温幅度应在 2℃以下，我们应在平等的基础上，在可持续发展的背景下，加强应对气候变化的长期合作行动"。2010 年通过的《坎昆协议》第 4 条提出缔约方会议进一步

---

〔1〕 曹静、苏铭："应对气候变化的公平性和有效性探讨"，载《金融发展评论》2010 年第 1 期，第 101 页。

认识到，"正如 IPCC 第四次评估报告的材料所示，科学认识要求大幅度削减全球温室气体排放量，以通过减少全球温室气体排放量，使与工业化前水平相比的全球平均气温上升幅度维持在 2℃ 以下，缔约方应当按照科学认识和在公平的基础上采取紧急行动，争取实现这一长期目标"，同时还提出"在第一次审评的范围内，必须考虑以最佳可得科学知识为基础，包括有关全球平均升温 1.5℃ 的知识，加强长期全球目标。"这说明，2℃ 升温目标已成为缔约方会议达成的一个共识，但是不排除将来将升温目标限制为 1.5℃ 的可能性。

（二）温室气体浓度目标

温室气体浓度是升温之外的另一种目标形式。尽管《公约》第 2 条就规定，应"将大气中温室气体的浓度稳定在防止气候系统受到危险的人为干扰的水平上"。但是对于"防止气候系统受到危险的人为干扰的水平"究竟体现为何种温室气体浓度要求，《公约》和《京都议定书》并未明确规定。《哥本哈根协议》和《坎昆协议》确立了"2℃ 共识"，但是这一升温对应于多少的温室气体浓度限制，科学上还有争议。这涉及如何评价大气温度对 CO_2 浓度的敏感性。虽然近年来人类预测气候变化的能力有了很大的提高，但是依现有的模式计算的结果仍具有高度的不确定性。因此，无法将 2℃ 升温与某个确定的大气 CO_2 浓度严格对应起来。[1] 虽然不能严格对应，但是 IPCC 的研究估测了一个升温与温室气体浓度之间的概率。根据 IPCC 第四次评估报告，如果将大气中温室气体浓度稳定在 450ppmCO_2e，则有 50% 的概率将升温控制在 2℃ 以内。[2] 综上所述，国际温室气体减排责任分担的目标可以归纳为：①全球升温不超过 2℃，即到 21 世纪末，将大气温度控制在不高于工业革命前

〔1〕 丁仲礼等："2050 年大气 CO_2 浓度控制：各国排放权计算"，载《中国科学 D 辑：地球科学》2009 年第 8 期，第 1010 页。
〔2〕 何建坤、滕飞、刘滨："在公平原则下积极推进全球应对气候变化进程"，载《清华大学学报（哲学社会科学版）》2009 年第 6 期，第 47 页。

2℃的范围内；②大气中温室气体浓度控制在 450ppm ~ 550ppm CO_2e 的范围内。[1]

第四节　国际温室气体减排责任分担机制的运行

如上文所述，国际温室气体减排责任分担机制的运行是国际温室气体减排责任分担机制的动态构成要素。从具体步骤而言，它分为收集排放信息、分配减排责任、核查减排信息三个主要步骤。

一、收集排放信息

收集排放信息是进行国际温室气体减排责任分担的第一步。目前，国际温室气体排放信息的数据集主要有：美国橡树岭实验室 CO_2 信息分析中心、世界资源研究所、美国能源信息管理局、经济合作与发展组织的国际能源署和《公约》数据集五大数据集。各数据集的数据来源主要是公开出版物，计算方法以 IPCC 的基准方法为主，但不同数据集的计算方法有所不同。[2] 由于国际温室气体减排责任分担机制需以应对气候变化国际法文件为依据，这里主要介绍《公约》收集的温室气体排放信息。

（一）《公约》的规定

《公约》第 4 条第 1 款规定，所有缔约方都有义务编制、定期更新、公布、提供温室气体的各种源的排放和各种汇的清除的国家清单（national inventories），并制订、执行、公布和经常地更新国家的以及在适当情况下区域的计划。第 4 条第 2 款规定，附件一缔约方"应制定国家政策和采取相应的措施，通过限制其人为的温室

---

〔1〕　林伯强："温室气体减排目标、国际制度框架和碳交易市场"，载《金融发展评论》2010 年第 1 期，第 110 页。曾静静、曲建升、张志强："国际温室气体减排情景方案比较分析"，载《地球科学进展》2009 年第 4 期，第 441 页。

〔2〕　曲建升、曾静静、张志强："国际主要温室气体排放数据集比较分析研究"，载《地球科学进展》2008 年第 1 期，第 53 页。

气体排放以及保护和增强其温室气体库和汇，减缓气候变化"，在本公约对其生效后 6 个月内，并在其后定期地提供有关这些政策和措施的信息。

《公约》第 12 条第 1 款规定，所有缔约方应通过秘书处向缔约方会议提供温室气体的各种源的人为排放和各种汇的清除的国家清单、为履行公约而采取或设想的步骤的一般性描述和其他相关信息。第 12 条第 2 款规定，附件一缔约方应提供关于该缔约方为履行其第 4 条第 2 款（a）项和（b）项下承诺所采取政策和措施的详细描述和上述政策和措施在第 4 条第 2 款（a）项所述期间对温室气体各种源的排放和各种汇的清除所产生影响的具体估计。对附件一缔约方和非附件一缔约方适用不同的信息编报指南，附件一缔约方适用《〈公约〉附件一所列缔约方国家信息通报编制指南，第一部分：年度清单报告指南》（FCCC/SBSTA/2004/8），非附件一缔约方适用《第 17/CP. 8 号决定：未列入〈公约〉附件一的缔约方国家信息通报编制指南》。

（二）《京都议定书》的规定

《京都议定书》中与排放信息相关的条约规定主要是第 5、7 条。

《京都议定书》第 5 条规定，附件一缔约方"应在不迟于第一个承诺期开始前一年，确立一个估算温室气体的各种源的人为排放和各种汇的清除的国家体系"，"有关此类国家体系的指南，应由《京都议定书》第一次缔约方会议予以决定"，同时，缔约方还可以对温室气体排放的估算方法作出适当调整。[1]《京都议定书》第一次缔约方会议通过了第 19/CMP. 1 号决定和第 20/CMP. 1 号决定，

─────────────

〔1〕《京都议定书》第 5 条第 2 款规定，估算《蒙特利尔议定书》未予管制的所有温室气体的各种源的人为排放和各种汇的清除的方法学，应由 IPCC 所接受并经《公约》缔约方会议第三届会议所议定。如不使用这种方法学，则应根据作为本议定书缔约方会议的《公约》缔约方会议第一届会议所议定的方法学作出适当调整。

分别规定了应用第 5 条第 1、2 款的指南。[1] 根据第 19/CMP. 1 号决定，国家体系"包括附件一所列缔约方为估算《蒙特利尔议定书》未予管制的各种温室气体人为源排放量和汇清除量，及为通报清单信息和存档，在各该缔约方境内所作的一切体制、法律和程序安排"。[2] 为保证国家体系的设计和运作的透明度、一致性、可比性、完整性和精确性，附件一缔约方应当做到以下五点：一是在负责履行关于国家体系的政府机构和其他实体之间，酌情建立和保持必要的体制、法律和程序安排；二是确保具备及时履行关于国家体系的本指南所定职能的充分能力；三是指定一个单一的国家实体全面负责国家清单；四是及时编制国家年度清单和补充信息；五是提供必要的信息，以满足第 7 条之下的指南中提出的报告要求。[3] 根据第 20/CMP. 1 号决定，对温室气体排放的估算方法的调整仅适用于"附件一缔约方所提交的清单数据被认定不完整和/或编制方式不符合经气专委良好做法指导意见进一步阐明的《修订的 1996 年气专委温室气体清单指南》以及作为《京都议定书》缔约方会议的《公约》缔约方会议通过的任何良好做法指导意见"。[4]

《京都议定书》第 7 条规定，附件一缔约方"应在其年度清单内，载列将根据信息编制指南确定的为确保遵守第 3 条的目的而必要的补充信息"，《京都议定书》第一次缔约方会议应"通过并在其后定期审评编制本条所要求信息的指南"。为此，《京都议定书》第一次缔约方会议作出第 15/CMP. 1 号决定，通过了《京都议定

〔1〕 事实上，在《公约》第七次缔约方会议上就通过了第 20/CP. 7 号决定（《京都议定书》第 5 条第 1 款规定的国家体系指南）和第 21/CP. 7 号决定（《京都议定书》第 5 条第 2 款规定的良好做法指导意见和调整）。而《京都议定书》第一次缔约方会议通过的第 19/CMP. 1 号决定（《京都议定书》第 5 条第 1 款之下的国家体系指南）和第 20/CMP. 1 号决定（《京都议定书》第 5 条第 2 款之下的良好做法指导意见和调整）正是对第 20/CP. 7 号决定和第 21/CP. 7 号决定的正式确认。
〔2〕 见第 19/CMP. 1 号决定附件第二节 A "国家体系的定义"。
〔3〕 见第 19/CMP. 1 号决定附件第五节"一般职能"的规定。
〔4〕 见第 20/CMP. 1 号决定第 3 段。

书》第 7 条所要求的信息的编制指南。[1] 根据第 15/CMP. 1 号决定，附件一缔约方应在提交《公约》规定的关于《京都议定书》对其生效后的承诺期第一年的清单时开始报告《京都议定书》第 7 条第 1 款规定的信息，但也可自愿在提交第 13/CMP. 1 号决定第 6 段所述信息一年后即开始报告上述信息。该决定还列举了附件一所列缔约方未能达到第 7 条第 1 款下的方法和报告要求的情况，并在附件中详细规定了第 7 条第 1、2 款之下的补充信息的报告的适用、一般要求、目标、温室气体清单信息、国家登记册中的变化等要求。

（三）现有的排放信息

《公约》数据集共收集了 189 个国家的温室气体排放数据。其中，《公约》附件一缔约方[2]全都提交了温室气体清单，非附件一缔约方中的 122 个于 2005 年 4 月 1 日以前提交了初次国家信息通报的清单情况。[3]

在《公约》之下，UNFCCC 发布的关于温室气体排放数据的最新信息载于 FCCC/SBI/2013/19（有关附件一缔约方从 1990 年至 2011 年的温室气体排放）和 FCCC/SBI/2005/18/Add. 2（有关非附件一缔约方初次国家信息通报的第六份汇编和综合报告）。根据 FCCC/SBI/2013/19，在不计入 LULUCF 的情形下，附件一缔约方中有 15 个缔约方在 1990 ~ 2011 年间温室气体排放量不降反升（见图 1）。有意思的是，两份报告文件中，有关附件一缔约方的报告未说明人均温室气体排放量，只有累积温室气体排放量，而非附件一缔约方的报告比较了不同地区的人均温室气体排放量。据统计，

---

〔1〕《京都议定书》第一次缔约方会议通过的第 15/CMP. 1 号决定（《京都议定书》第 7 条所要求的信息的编制指南）也是对《公约》第七次缔约方会议上就通过的第 22/CP. 7 号决定（《京都议定书》第 7 条规定的信息编制指南）的正式确认。

〔2〕《公约》附件一缔约方原为 41 个，马耳他、塞浦路斯分别于 2009 年、2011 年曾列为附件一缔约方，现附件一缔约方共有 43 个。

〔3〕 曲建升、曾静静、张志强："国际主要温室气体排放数据集比较分析研究"，载《地球科学进展》2008 年第 1 期，第 51 ~ 52 页。

122 个非附件一缔约方的人均排放量（以 CO_2 吨当量表示，不计土地利用的变化和林业）为 2. 8 吨。非洲地区的人均排放量平均最低，为 2. 4 吨，而南非为 9. 1 吨。亚洲和太平洋地区人均排放量平均为 2. 6 吨，而中国为 3. 3 吨，印度为 1. 3 吨。拉丁美洲和加勒比地区人均排放量平均为 4. 6 吨。巴西为 4. 1 吨，低于该地区的平均数，因为土地利用的变化和林业部门未计入在内，而巴西大部分的排放量来自该部门。"其他"地区的人均排放量平均最高，为 5. 1 吨，但是只包括污染相对较少的 7 个缔约方。

在《京都议定书》之下，附件 B 国家应报告有关分配数量单位（AAUs）、排放减量单位（ERU）、核证减排量（CERs）、清除单位（RMUs）以及为审查所需的相关参数和定义的信息。在 UNF-CCC 的官网上可以查询到下列信息：基准年数据、汇编和核算报告、汇编和核算数据。

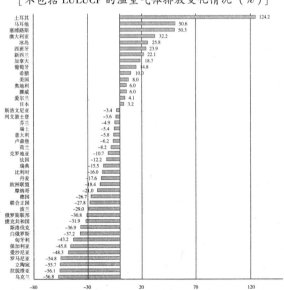

图 1　非附件一缔约方 1990～2011 年的温室气体排放示意图

二、分配减排责任

在收集完排放信息之后，接下来就需要分配减排责任。分配减排责任是国际温室气体减排责任分担机制运行中的最重要一环，其核心内容是制定一个国际温室气体减排责任分担方案。鉴于国际温室气体减排责任分担方案的重要性，这部分内容设在第四章集中论述。

三、核查减排信息

收集排放信息、分配减排责任之后，为了检验各缔约方完成减排任务的情况，保证现有减排责任分担符合《公约》目标，还需要核查减排信息。《公约》和《京都议定书》对核查减排信息作出了相关规定。另外，核查减排信息与当今气候谈判的一个热点问题"可测量、可报告和可核实"的要求紧密相关。

（一）《公约》的规定

《公约》第4.2条规定缔约方会议应定期审评附件一缔约方提供的有关国家减排的政策和措施的信息，有关各种温室气体源的排放和汇的清除的计算方法，附件一缔约方采取的政策和措施是否充足等。《公约》第7条规定缔约方会议的职权包括定期审评缔约方义务的机构安排，定期改进有关各种温室气体源的排放和汇的清除的计算方法，评估各缔约方履行公约的情况，审议有关公约履行情况的定期报告等。《公约》第10条规定附属履行机构应协助缔约方会议评估和审评本公约的有效履行。

（二）《京都议定书》的规定

《京都议定书》第3.3条规定，"与直接由人引起的土地利用变化和林业活动相关的温室气体源的排放和碳的清除，应以透明且可核查的方式（in a transparent and verifiable manner）作出报告，并依第7条、8条予以审评"。《京都议定书》第7条规定，附件一缔约方"应在其年度清单内，载列将根据信息编制指南确定的为确保遵守第3条的目的而必要的补充信息"。《京都议定书》第8条规定，专家审评组负责依据有关指南，对附件一所列每一缔约方提交的国家信息通报进行审评，经过彻底和全面的技术评估后编写一份报告提交《京都议定书》缔约方会议，并由秘书处分送《公约》的所有缔约方。

（三）"可测量、可报告、可核实"的要求

"可测量、可报告、可核实"的要求（Measurable，Reportable，Verifiable，MRV）是近年来气候谈判的一个热点问题。2007 年的《巴厘岛行动计划》最早提出 MRV 的要求。《巴厘岛行动计划》第 1 条（b）项规定，缔约方会议加强缓解气候变化的国家/国际行动，考虑"包括所有发达国家缔约方量化的国家排放限度和减排目标在内的可衡量、可报告和可核实的适当国家缓解承诺或行动，同时在顾及它们国情差异的前提下确保各自努力之间的可比性"以及"发展中国家缔约方在可持续发展方面可衡量和可报告的适当国家缓解行动，它们应得到以可衡量、可报告和可核实的方式提供的技术、资金和能力建设的支持和扶持"。

2009 年的《哥本哈根协议》第 4 条规定，将按照现有指南和缔约方会议所通过的任何进一步指南，衡量、报告和核实发达国家减排和供资的落实情况，并将确保对附件一缔约方承诺单独或联合落实量化的 2020 年整体经济范围排放指标和资金加以严格、有力和透明的核算。第 5 条规定，非附件一缔约方的缓解行动将由本国各自加以衡量、报告和核实，其结果将通过国家信息通报每两年报告一次；对于得到支助的适合本国的缓解行动，将按照缔约方会议所通过的指南，对这些缓解行动加以国际衡量、报告和核实。

2011 年的《坎昆协议：〈公约〉之下的长期合作问题特设工作组的工作结果》第 61、62 条的规定，对于发展中国家缔约方得到国际支助的缓解行动将按照有待在《公约》之下制订的指南实行国内衡量、报告和核实，并将接受国际衡量、报告和核实；由国内支助的缓解行动将按照有待在《公约》之下制订的一般指南进行衡量、报告和核实。

第四章

国际温室气体减排责任分担方案

芬兰环境法学者图拉·洪科宁（Tuula Honkonen）认为可以分三个层次分析"责任分担规则"（burden – sharing rule）：一是公平和正义的基本原则层次，二是责任分担的公式或规则（formulae or rules），三是应用于具体问题的标准或指标（criteria or indicators）。[1] 笔者认为，现有研究中责任分担的规则、标准、指标常常结合在一起，统称为温室气体减排责任分担方案，其中分担的标准和指标是分担方案的基础。本书第二章已经分析了减排责任分担的基本原则这一层次，本章将在分析温室气体减排责任分担的考虑因素和衡量指标的基础上，梳理现有的减排责任分担方案，并提出建立新型减排责任分担方案的构想。

第一节　现有国际温室气体减排责任分担方案及评析

国际温室气体减排责任分担方案指的是，为公平地在《公约》

〔1〕　Tuula Honkonen，"The Common but Differentiated Responsibility Principle in Multilateral Environmental Agreements：Regulatory and Policy Aspects"，*Kluewer Law International*，2009，p. 212.

缔约国之间分担温室气体减排责任而提供的包含各项原则、考量因素、指标、规则等在内的综合性解决方案。目前各国机构和学者对于温室气体减排责任分担提出很多不同的方案和建议。这些众多建议一方面反映了目前各国在气候变化利益上的尖锐矛盾，另一方面也反映了国际社会在公平和效率问题上的不同认识。[1] 为了全面了解现有的减排责任分担方案，以下将这些方案分为实践中应用的分担方案、国外机构和学者提出的分担方案、我国机构和学者提出的分担方案，分别加以介绍。

一、实践中的减排责任分担方案

目前在实践中曾经应用的减排责任分担方案有两个：一个是在《京都议定书》中运用的京都模式，一个是欧盟内部划分减排责任的三要素方案。

（一）京都模式

《京都议定书》中采取的温室气体减排责任分担方案称为京都模式。京都模式的特征是以某一基准年（目前采用 1990 年）的现实排放为基础，通过政治谈判来确定各缔约方的具体减排目标。1997 年通过的《京都议定书》为附件一国家规定了量化的减排目标。根据《京都议定书》的规定，在 2008～2012 年第一承诺期内，附件一国家在 1990 年基础上整体减排 5.2%，其中欧盟 8%，美国 7%，日本、加拿大各 6%，俄罗斯、乌克兰、新西兰维持零增长，澳大利亚、冰岛分别将排放量增长限制在 8% 和 10%。[2]

事实上，从《京都议定书》的达成过程来看，各国排放权指标的分配是政治妥协的结果，并没有科学依据支撑。京都模式将基准年定在 1990 年，但是甚至连京都会议的主席埃斯特拉达（Raúl Es-trada – Oyuela）都无法解释基准设定的依据和合理性。对于那些在

---

〔1〕 秦天宝、成邯："气候变化国际法中公平与效率的协调"，载《武大国际法评论》第十三卷，第 280～282 页。

〔2〕 庄贵阳、陈迎：《国际气候制度与中国》，世界知识出版社 2005 年版，第 141 页。

1990 年之前就致力于节能减排的国家而言，依照京都模式就要增加很大的经济负担；而那些没有作出减排努力的高能耗国家的经济负担反而相对较轻。可见，京都模式的一个负面作用是向发展中国家传递一个信息：提前减排并不值得，发展中国家没有必要在其承担强制性减排目标之前采取早期措施。[1]

京都模式的优点是比较容易达成减排协议、对各国现状冲击较小、成本较低。[2] 但是京都模式也存在很大的缺陷，因为它以祖父原则为理论基础，强调现实排放的合理性，允许历史造成的现实差异在今后继续存在。祖父原则是指主要根据某个基准年的现实排放来确定各国原二氧化碳的排污水平配给初始排放权和减排义务。祖父原则在国际气候谈判中一直被发达国家奉为碳排放权和减排义务的圭臬，[3] 因为它维护了发达国家在工业化发展过后的既得利益。祖父原则对正处于工业化发展进程中的发展中国家十分不利，这是因为温室气体具有存量特征，当今的全球变暖问题主要是发达国家自工业革命以来二百多年温室气体排放的累计效应造成的。"祖父原则"实际上将遏制发展中国家的发展速度，剥夺发展中国家享受高水平生活方式的权利，这有违公平的价值追求。[4]

目前，京都模式只适用于第一承诺期（2008～2012 年），那么在第一承诺期结束后的气候体制安排中是否应当延续京都模式呢？从法律程序上看，延续京都模式有两种形式：一是接纳单个非附件

---

〔1〕 韩良：《国际温室气体排放权交易法律问题研究》，中国法制出版社 2009 年版，第 87 页。

〔2〕 秦天宝、成邯："气候变化国际法中公平与效率的协调"，载《武大国际法评论》2010 年第 2 期，第 280～282 页。

〔3〕 钱皓："正义、权利和责任——关于气候变化问题的伦理思考"，载《世界政治与经济》2010 年第 10 期，第 64 页。

〔4〕 钱皓："正义、权利和责任——关于气候变化问题的伦理思考"，载《世界政治与经济》2010 年第 10 期，第 64 页。

一国家，二是启动新一轮谈判，达成新的法律文件。[1] 而无论是采取这两种形式的哪一种模式，都存在很大困难。并且简单延续京都模式也存在许多明显的缺陷，比如政治复杂性、数据可得性、各国都想获得最为宽松的排放目标、绝对排放上限不适合发展中国家等。[2]

总的来看，京都模式对于鼓励发达国家带头开始承担减排责任发挥了一定的积极作用。但是也应看到，限于京都模式背后存在的价值不公，以及延续京都模式在法律程序上的困难和固有缺陷，在后京都谈判中，无法也不应当延续现有的京都模式。

（二）欧洲内部三要素方法

除了京都模式之外，在气候变化领域实际应用的另一个例子是欧洲内部三要素方法（亦称 Triptych 方法）。三要素方法由芬兰乌特勒支大学和荷兰国立公共健康与环境研究所的研究人员开发，用于欧盟内部分担减排责任。三要素方法的主要特点是考虑到欧盟各成员国在人口、经济发展水平、经济结构、能源效率、燃料结构、气候等与减排成本密切相关的众多因素上的差异性，划分发电、出口导向的能源密集型工业和民用三大产业部门，根据不同产业部门能源消费的不同特点采用不同的分担原则，以更好地反映欧盟各成员国在具体国情上的差异。三大产业部门的不同在于：发电部门和工业部门以绝对排放量为基础，主要通过改善能源结构和改进能源效率实现减排，民用部门以人均排放量为基础，设置长期趋同目标。[3]

1997 年 1 月，荷兰学者首次报告了三要素方法及相应的减排责

〔1〕 庄贵阳、陈迎：《国际气候制度与中国》，世界知识出版社 2005 年版，第 179 页。

〔2〕 庄贵阳、陈迎：《国际气候制度与中国》，世界知识出版社 2005 年版，第 181～182 页。

〔3〕 庄贵阳、陈迎：《国际气候制度与中国》，世界知识出版社 2005 年版，第 139～140 页。

任分担方案。随后，荷兰环境大臣以"主席案文"形式提出各成员国分担方案及欧盟的整体目标。根据这一建议，欧盟内部经过多轮紧张的磋商和谈判，终于在 1997 年 3 月就各国减排目标达到一致。因此，三要素方法是国际上少数得到实际应用的分担方法之一，为促进欧盟内部分担协议的达成起到了至关重要的作用，同时也为推动国际气候谈判进程作出了贡献。

以欧洲三要素方法为基础，有学者进一步提出扩展适用于全球的三要素方法（Global Triptych）。全球三要素方法的特征在于自下而上、以行业为基础、以技术为导向来区分减排责任。全球三要素方法在原有的三大产业部门（发电业、能源密集型工业和民用行业）的基础上，增加了废物处理行业和农业。全球三要素方法具有吸引力的一点是它似乎能够为责任分担这一难题提供一个公正目标和技术解决办法，而它的缺点就在于实际操作十分复杂，并且忽略了历史责任，使得对发展中国家低排放、低效率的工业施以十分严格的目标。因此，综合来看，全球三要素方法也无法在后京都责任分担体现中获得很多支持。[1]

二、国外研究机构和学者提出的减排责任分担方案

（一）紧缩趋同方案

紧缩趋同方案（Contraction & Convergence，C&C）是由英国全球公共资源研究所（Global Common Institute，GCI）于 1990 年提出的一项减排责任分担方案。该方案的基本内容是享有碳排放权是世界各国的基本"权利"，而享有这项"权利"的总预算要由各国分摊。设想发达国家与发展中国家从现实出发，根据长期全球统一的人均排放标准，逐步实现人均排放量趋同，最终在未来某个时点实现全球人均排放量相等。为此，英国全球公共资源研究所建议：到 2030 年或 2040 年或在 100 年期预算的前 1/3 时间内实现全球人均

---

〔1〕 Friedrich Soltau, *Fairness in International Climate Change Law and Policy*, Cambridge University Press, 2009, pp. 257 ~ 258.

排放的趋同，并且各国应就紧缩趋同框架实施时间表的人口基数年达成一致意见。[1]根据紧缩趋同方案，如果 2050 年的全球人口为 90 亿左右的话，为实现比 1990 年排放减半的目标，人均排放则要控制在 2 吨 CO_2e 的水平下。这一要求对发达国家和发展中国家都很困难，所有国家都没有偏离的余地。[2] 紧缩趋同方案默认了历史、现实以及未来相当长时期内实现趋同过程中的不公平。虽然符合发达国家占用全球温室气体排放容量完成工业化进程后低碳经济回归的发展规律，但对仍处于工业化发展进程中的发展中国家的排放空间构成严重制约。因此，这是一种不公平的分担方案。[3]

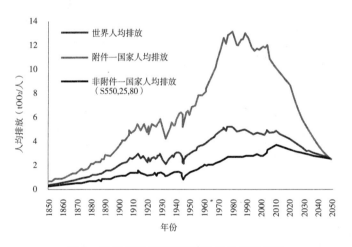

图 2　紧缩趋同分配原则下的排放空间分配

〔1〕 GCI, *Contraction and Convergence* (*C&C*) *Climate Justice without Vengeance*, http://gci. org. uk/Translations/CandC_Statement (Chinese)_. pdf.

〔2〕 何建坤等："在公平原则下积极推进全球应对气候变化进程"，载《清华大学学报（哲学社会科学版）》2009 年第 6 期，第 47 页。

〔3〕 潘家华主编：《碳预算：公平、可持续的国际气候制度构架》，社会科学文献出版社 2011 年版，第 157 页。

（二）升级与深化方案

升级与深化（graduation and deepening）方案是由德国汉堡国际经济研究所（HWWA）提出的发展中国家逐步参与承诺温室气体减排的方案。该方案提出一个按人均碳排放和人均 GDP 计算的升级指数，依据这一升级指数，《京都议定书》的非附件 B 国家在达到附件 B 国家的平均值或最低水平或附件二国家最低水平后，便开始承诺限排或减排目标。对于附件 B 国家在第二承诺期内，要进一步强化减排，不允许有"热空气"的存在，具体而言分为 -12%、-6%、-3% 三个水平。对非附件 B 国家在第二承诺期的目标，升级指数达到附件 B 国家平均水平的应采用附件 B 国家的算术平均目标（-6%）；已超出附件二国家最低水平的，采用附件 B 国家的最低减排目标（-3%）；达到附件 B 国家最低水平，采用零排放目标；不够升级标准的，采用最低分担目标。该方案的核心是分化发展中国家，因而讨论中的主要问题是政治可接受性、基准线及减排比例确定等技术难题。[1]

（三）巴西提案

巴西提案是考虑历史责任方案的代表，其核心是提出了一种在全球升温的相对责任的基础上确定减排责任的分担方法。[2] 1997 年 5 月，在京都会议召开前夕，巴西政府向《公约》秘书处提交了一份名为《关于气候变化框架公约议定书的几个设想要点》的减排责任分担方案。该提案是发展中国家提出的较为系统、观点全新、内容翔实的理论体系，在国际上产生了广泛影响。巴西提案的基础在于温室气体的"有效排放量"这一概念，解决了温室气体排放对环境影响的估算和碳排放历史责任的度量两个难题。温室气体排放后在大气中要存留相当长的一段时间，而每年的排放在存留期间对

---

〔1〕 庄贵阳、陈迎：《国际气候制度与中国》，世界知识出版社 2005 年版，第197～199 页。

〔2〕 庄贵阳、朱仙丽、赵行姝：《全球环境与气候治理》，浙江人民出版社 2009 年版，第 138 页。

未来的浓度都有影响，存留时间越长则影响越小。"有效排放量"指的是在某一时期内温室气体的人为净排放量在这一时期末造成的全球地表温度的增加。[1] 根据巴西提案的模型计算，附件一国家到 2020 年要在 1990 年基础上减排 30%，其中越早工业化的国家需要承担的减排义务越大。此外，巴西提案还提出建立清洁发展基金（CDF）作为一种惩罚性资金机制。[2] 这些观点都对发展中国家十分有利。但巴西提案的一个缺陷在于忽略了人均平等排放权原则，未将有效排放与人均排放相结合。并且由于巴西提案只适用于发达国家，对后京都气候变化体制的借鉴意义比较有限。

在 1997 年提出巴西提案之后，巴西又于 1999 年对案文作了重要修正。2001 年，荷兰国家健康与环境研究所（RIVM）开发出一种国际减排责任分担体系评价框架（Framework to Assess International Regimes for Burden Sharing，以下简称"'FAIR'模型"）将以历史责任为基础的分担方法扩展到了发展中国家，[3] 并提出对发展中国家逐渐参与的分配方法。[4] 荷兰国家健康与环境研究所还指出巴西提案在方法学上仍存在诸多缺陷，导致结果往往高估了发达国家对全球升温的贡献。[5]

（四）圣保罗案文

在巴西提案之后，2006 年 8 月，巴西课题组经过精心研究又推出了后京都国际气候制度的全面设计方案，简称《面向未来气候政

〔1〕 陈文颖、吴宗鑫："关于温室气体限排目标的确定（巴西提案）"，载《上海环境科学》2009 年第 1 期，第 5 页。

〔2〕 庄贵阳、朱仙丽、赵行姝：《全球环境与气候治理》，浙江人民出版社 2009 年版，第 139 页。

〔3〕 杨泽伟："碳排放权：一种新的发展权"，载《浙江大学学报（人文社会科学版）》2011 年第 3 期，第 44～45 页。

〔4〕 何建坤等："全球长期减排目标与碳排放权分配原则"，载《气候变化研究进展》2009 年第 6 期，第 362～363 页。

〔5〕 庄贵阳、朱仙丽、赵行姝：《全球环境与气候治理》，浙江人民出版社 2009 年版，第 139 页。

策的圣保罗案文》（以下简称"圣保罗案文"）。圣保罗案文建议采用多指标代替单一指标。对于附件一国家，圣保罗案文分绝对减排目标、排放强度目标、提供新的额外的资金援助三种义务，由附件一国家自愿选择义务形式，通过谈判确定第二承诺期的排放目标。非附件一国家在承担定量减排义务之前以定量的可持续发展义务作为过渡，通过促进可持续发展的自愿行动实现定量减排目标，并优先申请适应基金和技术基金的资助。[1]

圣保罗案文是巴西学者继巴西提案之后对国际气候谈判作出的又一贡献。圣保罗案文与巴西提案相比有一定联系，但也有区别。首先，巴西提案仅针对减排责任分担，而圣保罗案文则是一个综合、全面的方案。其次，巴西提案仅针对附件一国家，而圣保罗案文则对附件一国家和非附件一国家均作出了方案设计。再次，巴西提案应用了复杂的数学模型，而圣保罗案文更侧重概念和政策框架设计。复次，在资金渠道方面，巴西提案的资金来源取自对附件一国家的罚款，而圣保罗案文提出了更多渠道的资金来源。最后，巴西案文侧重方法论的探讨，而圣保罗案文对法律和操作层面的程序问题提出许多宝贵的建议。[2]

除了上述列举的几项减排方案之外，由澳大利亚研究人员邰若素（Ross Garnaut）提出的以六大类减排主体为基础的 Garnaut 方案，由美国、荷兰和意大利的几位科学家共同提出以收入为核心的 CCCPST 方案，由丹麦研究人员索伦森（Bent Sørensen）提出的以"人均未来趋同"为原则的 Sørensen 方案，[3] 也具有一定的国际影响力。

---

〔1〕 曾静静、曲建升、张志强："国际温室气体减排情景方案比较分析"，载《地球科学进展》2009 年第 4 期，第 439～440 页。

〔2〕 陈迎："圣保罗案文的基本要点"，载《气候变化进展》2007 年第 3 期，第 180～181 页。

〔3〕 丁仲礼等："国际温室气体减排方案评估及中国长期排放权讨论"，载《中国科学 D 辑：地球科学》2009 年第 12 期，第 1660～1661 页。

三、我国研究机构和学者提出的减排责任分担方案

与国外机构和学者提出的减排责任分担方案相比，我国研究机构和学者的方案强调两个因素："人均"和"累积"。因此，我国研究机构和学者提出的减排责任分担方案多以"人均累积排放"为基础，这也是我国政府代表团在国际气候谈判中的主要砝码。

（一）"两个趋同"方案

"两个趋同"方案是由清华大学提出的，在紧缩趋同方案基础上作出有利于发展中国家的改进方案。"两个趋同"方案以考虑历史责任的人均累积排放相等为分配原则，并纳入我国2006年的国家应对气候变化评估报告中。[1]

"两个趋同"方案中的两个趋同分别是指：其一，2100年各国的人均排放趋同；其二，各国自1990年到2100年的累积人均排放趋同。而人均排放趋同值和累积人均排放趋同值则取决于控制温室气体的浓度水平。"两个趋同"方案对发展中国家比较有利，这是因为发展中国家的人均排放在某一时期将超过发达国家从而将经济发展到较高水平后开始承担减排义务。[2] 换言之，在第二个趋同中，发展中国家的人均碳排放可以有个先升后降的过程，而发达国家则需一直下降，直到发展中国家与发达国家的人均排放和累积人均排放趋于相同。这是发展中国家实现工业化和现代化、建立完善的基础设施体系、提高国民生活水平、实现可持续发展所必需的。[3] "两个趋同"的依据在于碳排放的倒U型发展曲线。中国可持续发展战略研究小组从历史的角度考察发现，一个国家或地区经济发展与碳排放关系的演化存在"倒U型"曲线高峰规律。目前，

---

〔1〕 何建坤等："全球长期减排目标与碳排放权分配原则"，载《气候变化研究进展》2009年第6期，第362~363页。

〔2〕 陈文颖、吴宗鑫、何建坤："全球未来碳排放权'两个趋同'的分配方法"，载《清华大学学报（自然科学版）》，2005年第6期，第851页。

〔3〕 何建坤等："全球长期减排目标与碳排放权分配原则"，载《气候变化研究进展》2009年第6期，第362~363页。

发达国家多已实现碳排放强度和人均碳排放的下降，而发展中国家才刚刚开始碳排放强度的下降。[1] 为了保障发展中国家的可持续发展，应当允许其人均碳排放经历先升后降的过程。

尽管"两个趋同"方案对发展中国家十分有利，鉴于"两个趋同"对发达国家的要求十分严格而对发展中国家的要求比较宽松，这一方案恐怕很难获得发达国家的支持。

（二）"碳预算"方案

"碳预算"方案（carbon budget proposal）是由中国社会科学院潘家华、陈迎等学者提出的一种公平、可持续的国际气候制度构架。这一方案由潘家华、陈迎在 2007 年 12 月波兰波兹南举办的《公约》第十四次缔约方会议的边会上首次公开提出。"碳预算"指的是在不触发全球变暖的灾难性"临界点"的前提下，全球能够排放的温室气体总量。[2] 碳预算方案旨在通过人文发展基本碳排放需求理论与方法，在既能体现共同但有区别责任原则，又能实现全球中长期减排目标的前提下，构建一个更为公平、有效的国际气候制度综合方案。[3]

"碳预算"方案包括以下步骤：第一步，确定评估期内满足全球长期目标的全球碳预算；第二步，以基准年人口为标准对各国碳预算进行初始分配；第三步，根据各国气候、地理、资源禀赋等自然因素对各国碳预算作出调整；第四步，考虑碳预算的转移。与碳预算方案类似的还有，国务院发展研究中心于 2009 年提出的基于人均累积排放相等思想的分担方案和中国科学院于 2009 年提出的

---

〔1〕 苏利阳等："面向碳排放权分配的衡量指标的公正性评价"，载《生态环境学报》2009 年第 4 期，第 1597～1598 页。

〔2〕 郑艳、梁帆："气候公平原则与国际气候制度构建"，载《世界经济与政治》2011 年第 6 期，第 81～82 页。

〔3〕 潘家华主编：《碳预算：公平、可持续的国际气候制度构架》，社会科学文献出版社 2011 年版，第 156 页。

根据人均累积排放相等来进行碳排放分配的方案。[1]

"碳预算"方案是一个可操作的、兼顾公平和保护全球气候目标，且可量化的排放权分配及相关国际机制的一揽子方案，其关键在于建立一个满足全球长期目标、公平体现各国差异的人均累积排放权标准，促进人与人的公平。但"碳预算"方案的方法论还有待进一步研究和改进，其中有一些参数的选择也可能引起争议，因此还有待进一步完善。[2]

（三）"一个地球、四个世界"的减排路线图

"一个地球、四个世界"的减排路线图由我国学者胡鞍钢于2008年在发表的《通向哥本哈根之路的全球减排路线图》提出。《公约》和《京都议定书》将国家分为发达国家和发展中国家两类，并分别为其规定了有差别的减排责任。针对这一分类，胡鞍钢教授提出了对世界各国进行四组分类，取代传统的二分法（见表2）。

为此，胡鞍钢教授提出全球减排中国家分类的两大原则。第一大原则是以人类发展指数（Human Development Index，HDI）分类为基础，将所有国家分为以下四组：高 HDI 组（大于0.8）、上中等 HDI 组（0.65~0.8）、下中等 HDI 组（0.5~0.65）、低 HDI 组（小于0.5），即"一个地球，四个世界"。第二大原则是污染排放大国减排主体原则。目前，世界前20名排放国占了世界排放总量的75%，这些国家既是世界污染排放的主体，也是世界减排的主体。一个国家温室气体排放量越高，相应地这个国家的减排责任也越高。[3]

---

〔1〕 何建坤等："全球长期减排目标与碳排放权分配原则"，载《气候变化研究进展》2009年第6期，第362~363页。

〔2〕 潘家华主编：《碳预算：公平、可持续的国际气候制度构架》，社会科学文献出版社2011年版，第176~177页。

〔3〕 胡鞍钢："通向哥本哈根之路的全球减排路线图"，载《当代亚太》2008年第6期，第25~26页。

表2 "一个地球，四个世界"的减排路线图

分　类	组　别	减排条件	国　家		人　口	
HDI 范围	按 HDI	—	数量	比例（%）	数量（百万）	比例（%）
0.80 ~ 1.00	高人类发展	无条件减排	70	39.55	1658.7	25.46
0.65 ~ 0.79	上中人类发展	有条件减排	55	31.07	2437.1	37.41
0.50 ~ 0.64	下中人类发展	倡导减排	30	16.95	1802.5	27.67
< 0.5	低人类发展	倡导减排	22	12.43	508.7	7.81

2009 年，中国人民大学张磊博士发表《全球减排路线图的正义性——对胡鞍钢教授的全球减排路线图的评价与修正》一文，在胡鞍钢教授的全球减排路线图的基础上提出了一些修正建议。张磊博士以历史累积排放、人的发展水平以及气候变化脆弱性三大指标作为分配全球减排责任的标准，按照胡教授的四分组法构建出新的全球减排路线图，并进而将三大指标进行加权，综合成一个新的层级指数———减排责任指数（Emissions Reduction Burden Index, ERBI）[1] 这一方案修正了胡鞍钢教授的全球减排路线图中一些"错杀"和"误杀"的情况，使得原有方案更加完善和具有可操作性。

----

[1] 张磊："全球减排路线图的正义性——对胡鞍钢教授的全球减排路线图的评价与修正"，载《当代亚太》2009 年第 6 期，第 60 ~ 61 页。

（四）三个世界的构想

"三个世界的构想"由我国环境法学者吴卫星教授提出。吴卫星教授认为，由于《京都议定书》对第一承诺期的碳减排目标只针对附件一国家，这可能导致碳排放更多地向非附件一国家转移。为了有效应对气候变化，必须让更多国家加入到减排行动中来。近年来，随着中国、印度、巴西等发展中大国碳排放量的迅猛增长，发展中国家面临着越来越大的减排压力。为此，吴卫星教授提出碳减排的三个世界构想：首先，发达国家要继续深度减排，并且应当根据人类发展指数或人均国内生产总值将更多的国家纳入发达国家的行列。其次，发展中国家尤其是发展中大国要逐步承担更多的义务。但是发展中大国的义务与《京都议定书》第一承诺期发达国家的义务应当区分开来。发展中大国在2012～2020年降低碳排放强度会是一个比较现实和折中的方案。最后，最不发达国家一般不承担减排义务。[1]

吴卫星教授提出的"三个世界的构想"其优点在于，相对客观地提出发展中国家也应尽快承担减排责任，易于被发达国家接受。但是"三个世界的构想"并无具体的责任分担方案，可操作性不足，因而更多地停留在"构想"的层次。

四、对现有减排责任分担方案的评析

为了更好地总结现有的减排责任分担方案，笔者将以上十种方案以列表的形式分考量因素或指标、理论基础、主要规则、目标设定四个比较因素加以比较（见表3）。从表3对各方案的比较中，可以看到发达国家和发展中国家在减排责任分担上方案的设计主要存在以下差别。

第一，在考量因素或指标方面，发达国家提出的方案一般只强

---

〔1〕 吴卫星："后京都时代（2012～2020年）碳排放权分配的战略构想——兼及'共同但有区别的责任'原则"，载《南京工业大学学报（社会科学版）》2010年第2期，第21～22页。

调人均排放或现实排放（如京都模式、紧缩趋同方案、升级与深化方案），而发展中国家和我国学者的方案强调了历史排放和累积指标（如巴西提案、两个趋同方案、碳预算方案）。在人均指标和累积排放因素之外，学者的提案中也尝试着运用一些其他指标来淡化发达国家和发展中国家之间的分歧，如碳排放强度、人类发展指数、与资金援助的关联等等。

第二，在理论基础方面，所列十项方案大多都体现了国际温室气体减排责任分担的两项基本原则——共同但有区别责任原则和人均平等排放权原则，但是在对两项原则的解释和应用上，发达国家与发展中国家的理解有很大不同。对于共同但有区别责任原则，发达国家更强调其中的共同责任，进而要求发展中国家尽快承担起量化的减排义务，加入全球减排行动中；而发展中国家则更强调其中的区别责任，认为发达国家和发展中国家的责任之间存在质的差别，不能通过量化责任来淡化质的差别。对于人均平等排放权原则，发达国家提出的方案也多以人均排放为基础，但是刻意回避了历史责任的部分（如紧缩趋同方案、升级与深化方案）；而发展中国家提出的方案强调了历史责任的重要性，在具体方案中多以人均累积排放指标为依据（如巴西提案、两个趋同方案、碳预算方案）。

第三，在趋同方法方面，发达国家的方案强调人均排放趋同，并且发展中国家要逐步承担量化减排义务（如紧缩趋同方案）；而发展中国家的方案强调除了人均排放趋同，更重要的是人均累积排放趋同，并且发展中国家的人均排放水平可以在一定期限内超过发达国家的人均排放水平（如两个趋同方案）。

表3　现有减排责任分担方案比较

类型	责任分担方案	考量因素或指标	理论基础	主要规则	目标设定
实践应用方案	京都模式	1990年的现实排放	祖父原则	参考基准年排放水平，通过政治谈判确定具体减排目标	第一承诺期内温室气体排放量比1990年水平减少5%
	欧洲内部三要素方法	绝对排放、人均排放	技术可行、人均排放平等	根据不同产业部门能源消费的不同特点采用不同的分担原则	第一承诺期内欧盟整体减排8%
国外学者提出的方案	紧缩趋同方案	人均排放	人均平等排放权	逐步实现人均排放量趋同	2030年或2040年实现全球人均排放的趋同
	升级与深化方案	人均排放、人均GDP	人均平等排放权	发展中国家逐步参与承诺温室气体减排	第二承诺期内发达国家和发展中国家不同目标
	巴西提案	历史责任	有效排放量	针对发达国家在对全球温升的基础上确定减排责任	附件一国家到2020年要在1990年基础上减排30%
	圣保罗案文	绝对减排、排放强度、资金援助	共同但有区别责任	对附件一国家以多指标代替单一指标	通过谈判确定第二承诺期的排放目标

类型	责任分担方案	考量因素或指标	理论基础	主要规则	目标设定
我国研究机构和学者提出的方案	两个趋同	人均累积排放	人均平等排放权	人均排放和累积人均排放趋同	到 2100 年实现两个趋同
	碳预算	人均累积排放	人文发展基本碳排放需求	通过人文发展基本碳排放需求构建公平、有效的综合方案	
	一个地球、四个世界	人类发展指数	污染排放大国减排主体原则	对世界各国进行四组分类,取代传统的二分法	
	三个世界	人类发展指数、人均GDP、碳排放强度	共同但有区别责任	发达国家深度减排,发展中国家逐步承担更多义务,最不发达国家一般不减排	

第二节 建立新型减排责任分担方案的初步构想

通过对现有减排责任分担方案的梳理可以看到,目前为止还没有一个能够既让发达国家满意,也让发展中国家接受的全球减排责任分担方案。为了最大限度地调和发达国家和发展中国家的矛盾和冲突,本书提出建立一个新型减排责任分担方案,既能体现公平、正义、效率的价值和两项基本原则的要求，又能较为中性化、淡化各国冲突、体现全球共识，以便促进国际社会在减排责任分担问题上尽快达成一致意见，并转化为实际的减排行动。

一、建立新型减排责任分担方案的总体思路

一个方案是否能够为各国决策者和公众所接受，并通过谈判协商最终成为国际气候制度的现实方案，主要取决于该方案是否公平、有效，是否具有坚实的理论基础以及是否具有较强的可操作性和可行性。[1] 笔者认为，新型减排责任分担方案应当满足四方面的要求：公平性、有效性、可操作性和可行性，即具有坚实的理论基础，体现公平正义的价值理念和基本原则，且能实现《公约》的最终目标。

在减排责任分担方案的价值当中，公平是首要价值。这里的公平既包括代内公平，也包括代际公平。在气候变化的代内公平中，既有国家与国家之间的公平，也有人与人之间的公平。现有责任分担机制多侧重于国家与国家之间的公平，而较少关注人与人之间的公平，特别是少数不发达国家或地区的生存现状。新型减排责任分担方案拟引入生存碳排放的概念，对穷困国家或地区的人均碳排放与生存碳排放水平相比较，对于那些人均碳排放低于生存碳排放的不发达国家，不要求承担强制减排责任。对于人均碳排放高于生存碳排放的国家，则需要进一步依据全球减排目标确定各自的减排责任。在气候变化的代际公平中，主要涉及当代人与后代人在减排成本上的分担问题，即在未来多长时间内能达到峰值，并最终将大气温室气体浓度的目标稳定下来。

有效性指的是责任分担方案能够达成一定目标，并且能最终实现《公约》目标。目标设定是减排责任分担机制的基本构成要素之一，也是分担方案有效性的基本要求。值得注意的是，在现有的减

---

〔1〕 郑艳、梁帆："气候公平原则与国际气候制度构建"，载《世界经济与政治》2011 年第 6 期，第 71 页。

排责任分担方案中，中国学者提出的分担方案较少地关注目标设定，使得方案的完整性和有效性受到影响。因此，新型减排责任分担方案中应当明确减排责任分担所应达成的目标，并能最终实现《公约》的目标。

关于减排责任分担方案的基本原则，现有方案都在一定程度上反映了共同但有区别责任原则和人均平等排放权原则，但是分歧依然存在。这也说明仅依靠现有的两项基本原则还不足以达成一个较为让人满意的方案，或者说在基本原则和分担方案之间还缺乏一个有效的沟通桥梁。这也是源于基本原则的抽象性、概括性与责任分担方案的可操作性和可行性之间存在着一定的冲突。为了解决这一冲突，笔者拟在共同但有区别责任原则和人均平等排放权原则的基础上提出建立一个减排责任分担指数，并将这个减排责任分担指数作为新型减排责任分担方案的核心。减排责任分担指数将被用来具体区分各国的减排责任，通过将各国现有的温室气体排放量与依据减排责任分担指数得出的允许排放量相比，得出一个国家是否存在"碳赤字"或者是否有"碳盈余"。

因此，新型减排责任分担方案试图在气候公平的价值理念基础上兼顾可操作性和可行性的要求，通过采用综合性的温室气体减排责任分担指数，明确各国的减排责任。

二、建立新型减排责任分担方案的主要步骤

借鉴"碳预算"方案，笔者提出建立新型减排责任分担方案主要分为以下三个主要步骤：一是依据全球减排目标确定全球碳预算总量；二是依据生存碳排放划分承担量化减排责任的国家；三是依据温室气体减排责任分担指数分配量化的减排责任。

（一）依据全球减排目标确定全球碳预算总量

全球碳排放预算总量的确定，是一个科学认知不断深化和政治意愿形成共识的过程。[1] 全球碳排放总额与升温限制和大气温室气体的浓度紧密相关。前文已述，目前全球对升温限制已达成 2℃共识，而与 2℃ 升温相对应的大气温室气体浓度还存在一定的争议，但多数专家认为大气温室气体浓度应在 450ppm ~ 550ppm 之间。在确定大气中温室气体浓度的范围之后，全球碳预算总量还与两个因素相关——达到峰值的年份与起算的基准年。

全球碳预算因全球碳排放达到峰值的年份的不同而有所不同。尽管近年来的气候谈判普遍提及"争取尽快实现全球排放量和国家排放量封顶"的说法，但是对于具体达到排放峰值的年份目前还未达成一致意见。笔者借鉴中国社会科学院"碳预算"方案中的数据，以 450ppm 当量水平的大气温室气体浓度为示例计算在此目标下的全球碳排放总额，同时以 2005 年为评估基准年，2050 年为评估截止年，并设置两种排放情景。第一种排放情景下，全球排放在 2015 年封顶，而第二种排放情景下全球排放在 2025 年封顶。两种情景下的峰值分别比 2005 年水平高 10% 和 20%。[2] 在第一种情景下，1900 ~ 2050 年的全球碳预算约为 2.27 万亿吨 CO_2，人均累积排放约为 352.5 吨 CO_2，每人年均碳预算约为 2.33 吨 CO_2。而在第二种情景下，人均累积总量为 37 617 吨 CO_2，每人年均碳预算约为 2.5 吨 CO_2。[3]

在确定全球碳排放总量的过程中，计算的起始年或基准年的选择非常重要。以不同年份为起始年得出的结果也会有所不同。以 1850 年或 1900 年为起始年算起，全球历史累积排放量差别为 1.7% 左右，但以 1900 年与 1960 年为起始年算起，差别则大约为 23%。

---

〔1〕 潘家华主编：《碳预算：公平、可持续的国际气候制度构架》，社会科学文献出版社 2011 年版，第 160 页。

〔2〕 潘家华、陈迎："碳预算方案：一个公平、可持续的国际气候制度框架"，载《中国社会科学》2009 年第 5 期，第 87 页。

〔3〕 潘家华、陈迎："碳预算方案：一个公平、可持续的国际气候制度框架"，载《中国社会科学》2009 年第 5 期，第 88 页。

在假设的两种不同情景中，全球碳预算相差大约 14%。鉴于 CO_2 在大气中的寿命期为 142 年左右，据此选取 1900 年作为起始年份，2050 年作为截止年份相对来说公平些[1]。但不论以何年份作为起始年、截止年，都需尽快将全球碳排放量达到峰值，越早达到峰值，排放空间就相对越小，相应的气候风险也越小；越晚达到峰值，排放空间也相对越大，但是相应的气候风险也越大，发生气候极端事件的可能性也随之增大。

（二）依据生存碳排放划分承担量化减排责任的国家

生存碳排放指的是在当前社会经济技术条件下，个人或家庭为了满足自身基本生存发展需求而产生的温室气体排放[2]。与其他以国家为单位考察各国碳排放的因素或指标不同，生存碳排放出发点是个人，而非国家。生存碳排放的概念未在《公约》或《京都议定书》中加以明确规定，但在《公约》的规定中有所体现。例如，缔约方申明"应当以统筹兼顾的方式把应付气候变化的行动与社会和经济发展协调起来，以免后者受到不利影响，同时充分考虑到发展中国家实现持续经济增长和消除贫困的正当的优先需要"，这说明温室气体应当与社会经济发展相协调，其中碳排放最基本的要求是满足生存需要。碳排放分为具有市场属性的碳排放和具有非市场属性的碳排放，而满足基本生存需要的碳排放权即具有非交易属性，必须由国际社会给予保障，并在国际气候变化应对机制中予以考虑。个人的生存碳排放与所在国家的社会经济发展水平密切相关，并受到家庭规模、收入水平、消费结构以及气候条件等因素的影响[3]。根据兰州大学王琴等人的研究，生存碳排放包括直接碳

〔1〕 潘家华、陈迎："碳预算方案：一个公平、可持续的国际气候制度框架"，载《中国社会科学》2009 年第 5 期，第 88 页。

〔2〕 王琴、曲建升、曾静静："生存碳排放评估方法与指标体系研究"，载《开发研究》2010 年第 1 期，第 17 页。

〔3〕 王琴、曲建升、曾静静："生存碳排放评估方法与指标体系研究"，载《开发研究》2010 年第 1 期，第 17 页。

排放和间接碳排放两大体系，直接碳排放由家庭能耗和私人交通两部分组成，而间接碳排放则包括食品、衣着、住房、日用品和出行五个领域的消费。[1] 提出生存碳排放的意义在于，目前在一些最不发达国家，消除贫困、解决温饱问题是当务之急。在分配减排责任前，应当首先满足各国国民的生存碳排放。在生存碳排放得到满足之后，才能进一步谈减排。

为了将生存碳排放进一步量化，需要将生存碳排放转化为更具体的生存排放量指标。生存排放量指标旨在构建一个基于人文发展权利、可以满足各国人口生存与发展基本需求的生存排放量，从而确立一个符合地球资源供应和环境承载力可持续维持的、可以为全球各国接受的"可持续人均排放量"指标。[2] 这一指标对于人均碳排放很低的最不发达国家来说具有重要意义。最不发达国家的碳排放水平远低于世界平均水平，很多最不发达国家的碳排放水平甚至低于生存碳排放水平，这意味着这些国家的居民的基本碳排放需要尚没有得到满足。在生存碳排放得不到满足的情况下要求最不发达国家减排温室气体，是不道德也是不公正的。

根据世界资源研究所（WRI）对一些国家 2003 年温室气体排放量的统计，48 个最不发达国家 2003 年温室气体排放总量仅有 38.1 百万吨碳，占到世界总量的 0.54%，而小岛屿发展中国家 2003 年温室气体排放总量仅有 37.7 百万吨碳，占世界总量的 0.53%（见表 4）。[3]

考虑到最不发达国家和小岛屿发展中国家的经济实力和在气候

〔1〕 王琴、曲建升、曾静静："生存碳排放评估方法与指标体系研究"，载《开发研究》2010 年第 1 期，第 20 页。

〔2〕 张志强、曲建升、曾静静："温室气体排放评价指标及其定量分析"，载《地理学报》2008 年第 7 期，第 695~701 页。

〔3〕 UN–OHRLLS, *The Impact of Climate Change on the Development Prospects of the Least Developed Countries and Small Island Developing States* (2009), p. 12, table 3, http://www.unohrlls.org/UserFiles/File/LDC%20Documents/The%20impact%20of%20CC%20on%20LDCs%20and%20SIDS%20for%20web.pdf.

变化方面的脆弱性，最不发达国家和小岛屿发展中国家的当务之急是消除贫困，发展本国经济，适应气候变化，而非采取缓解行动减排温室气体。对于最不发达国家和小岛屿发展中国家，应当绝对地免于承担量化减排责任。当然，由于最不发达国家和小岛屿发展中国家的名单由联合国定期更新，不排除将来这些国家"升级"为普通发展中国家而承担一定的量化减排责任的可能性。

表4　2003年国家温室气体排放总量列表

国　　家	排放量（百万吨碳）	世界排名	占世界总量百分比
美　　国	1 576.90	1	22.27
中　　国	1 227.40	2	17.34
欧　　盟	1 092.60	–	15.43
印　　度	313.4	6	4.43
巴　　西	90.7	19	1.28
最不发达国家	38.1	–	0.54
小岛屿发展中国家	37.7	–	0.53

（三）依据温室气体减排责任分担指数分配减排责任

根据生存碳排放排除最不发达国家和小岛屿发展中国家之后，对于其余的发展中国家和发达国家则应进一步区分各自的责任。为实现《公约》的最终目标，发展中国家应当逐步参与到温室气体的定量减排进程当中。但是应当注意，根据共同但有区别责任原则，发达国家和发展中国家承担的减排责任是有区别的。在时间序列上，发展中国家的减排目标应当是一个中长期减排目标，而发达国家则在当前就要率先承担减排责任。在责任性质上，发达国家的减排责任更多的是强制性的减排责任要求，而发展中国家的减排责任更多的是自愿性减排。在责任的大小上，发达国家应当承担主要的减排责任，发展中国家应在可持续发展的基础上，承担更多地与本国相适应的减排责任。

考虑到量化减排责任的要求，在明确发达国家和发展中国家的责任区别之后，仍然需要对各个国家分配减排责任。笔者提出建立一个温室气体减排责任分担指数（Emission Reduction Burden Sharing Index，ERBSI），作为连接责任分担基本原则和减排责任分担方案的桥梁。在确定了全球碳排放预算总额的前提下，根据建立的温室气体减排责任分担指数，即可以通过计算得出各国的减排责任分担指数，进而对全球的碳排放总额进行国别分配。鉴于国际温室气体减排责任分担指数的重要性，笔者在下节单独说明这个分担指数的来源、构成和计算等问题。

第三节　国际温室气体减排责任分担指数的确立

温室气体减排责任分担指数（ERBSI）是新型减排责任分担方案的核心。要确立温室气体减排责任分担指数，首先要明确这个责任指数应当考虑哪些因素，如何衡量此因素，这就涉及国际温室气体减排责任分担的考量因素和衡量指标的问题。其中国际温室气体减排责任分担的考量因素是最基础的一环，衡量指标是对考量因素的指标化，而责任分担指数则是进一步量化的成果。

一、国际温室气体减排责任分担的考量因素

国际温室气体减排责任分担的考量因素指的是，在构建国际温室气体减排责任分担方案时应当予以考虑和衡量的各个客观因素。它是国际温室气体减排责任分担机制最基础的组成部分，也是国际温室气体减排责任分担方案设计的起点。应当注意的是，虽然考量因素本身是各个客观因素，但对考量因素的选择则是主观判断的过程。

（一）《公约》和《京都议定书》的相关规定

气候变化国际法文件是设计国际温室气体减排责任分担方案的法律依据，国际温室气体减排责任分担方案的考量因素首先应当从《公约》、《京都议定书》等气候变化国际法文件中寻找。

在《公约》序言部分，序言提及"历史上和目前全球温室气体排放的最大部分源自发达国家"，这说明分担减排责任时应当考虑温室气体的历史排放或历史责任。序言中要求"所有国家根据其共同但有区别的责任和各自的能力及其社会和经济条件，尽可能开展最广泛的合作，并参与有效和适当的国际应对行动"，这说明国际应对气候变化行动应考虑责任、能力和社会经济条件三方面因素。序言中指出缔约方认识到"地势低洼国家和其他小岛屿国家、拥有低洼沿海地区、干旱和半干旱地区或易受水灾、旱灾和沙漠化影响地区的国家以及具有脆弱的山区生态系统的发展中国家特别容易受到气候变化的不利影响"，"认识到其经济特别依赖于矿物燃料的生产、使用和出口的国家特别是发展中国家由于为了限制温室气体排放而采取的行动所面临的特殊困难"，"申明应当以统筹兼顾的方式把应付气候变化的行动与社会和经济发展协调起来，以免后者受到不利影响，同时充分考虑到发展中国家实现持续经济增长和消除贫困的正当的优先需要"，这体现了考虑发展中国家的地理气候条件（受气候变化的影响）、经济特点（包括能源使用）、社会发展等因素。

在《公约》正式规定方面，《公约》第3条对原则的规定，包括共同但有区别责任原则、需要原则、预防原则、可持续发展原则、国际合作原则等，体现了在分配减排责任时应考虑"各自的能力"、"发展中国家缔约方的具体需要和特殊情况"、"不同的社会经济情况"等因素。《公约》第7.2条（b）项、（c）项，也要求缔约方会议应考虑"各缔约方不同的情况、责任和能力"。

在《京都议定书》中，《京都议定书》第10条要求考虑缔约方"共同但有区别的责任以及它们特殊的国家和区域发展优先顺序、目标和情况"，《京都议定书》第 13.4 条（c）项、（d）项规定《京都议定书》缔约方会议应考虑"缔约方的有差别的情况、责任和能力，以及它们各自依本议定书规定的承诺"，这体现了对共同但有区别责任，特殊的国家和区域发展优先顺序、目标和情况，有差别的情况、责任和能力等因素的考虑。

总结上述规定，《公约》和《京都议定书》规定，在温室气体减排责任分担方面应当考虑的因素包括历史责任、各自的能力、经济状况（含能源使用情况）、社会状况、地理气候条件（受气候变化的影响）、发展中国家缔约方的具体需要和特殊情况等等。

（二）有关考量因素的学者观点及评析

在《公约》和《京都议定书》的文本外，学者也对减排责任分担方案中应当考虑的因素发表了自己的观点。

武汉大学杨泽伟博士认为制定碳排放权分担方案时应考虑的因素包括：①发展需要，碳排放权的分配应当满足发展中国家的基本生存需要和可持续发展需要；②人口数量，每个国家的公民都对气候、环境等全球公共产品拥有相同的权利；③历史责任，发达国家应当为其超高的历史的排放承担历史责任；④公平正义原则，包括国家之间的公平和代内公平；⑤其他因素，如地理条件、资源禀赋、能源效率、产业结构、技术水平、人类发展指数等。[1] 笔者认为，这里的"发展需要"与《公约》中发展中国家的发展优先顺序相类似，人口因素属于国家的社会状况，公平正义原则是责任分担的理论基础而非客观的考量因素，人类发展指数是综合性的衡量指标也非考量因素，能源效率与产业结构与一国的经济状况相关，技术水平与各国的能力相关。

清华大学的曹静和北京大学的苏铭认为，为了确保公平地对责任进行分担，应当考虑的因素主要有"发展阶段和收入水平、历史

---

〔1〕 杨泽伟："碳排放权：一种新的发展权"，载《浙江大学学报（人文社会科学版）》2011 年第 3 期，第 45～46 页。

因素、人均概念、收入差距、消费排放以及资源禀赋、地理位置等"。其中，国家间发展的不均衡、收入水平的差异是公平责任分担最早考察的因素。而历史因素、人均因素、收入因素、消费排放则是由气候变化的存量污染特征、人文发展的碳排放需求、国内的收入差距、国际分工的分化等现实决定[1] 这里提及的发展阶段、收入水平、收入差距可以归类于国家的经济发展状况。关于作者提出的"消费排放"，笔者认为消费排放属于现实排放因素的一种，但是与传统的从生产看碳排放责任承担，消费排放强调从产品的最后消费作为温室气体减排责任承担的因素。但是直接用"消费"一词显得过于笼统，消费包括国内消费和国际消费，在国际责任分担的视角下仅涉及国际消费，因此这里的"消费"更大意义上可以解释为国际贸易。

武汉大学秦天宝、成邯总结了目前在分担国际温室气体减排责任时常被援引的依据主要有各国的历史排放量、人均排放量、产品消费量和各自的能力四个方面。这四方面因素分别源于发达国家的历史责任，各国经济社会发展水平不平衡，发达国家高能耗产品的转移消费以及发达国家在资金、技术和公民素质上的优势[2] 这里的历史排放和各自的能力在《公约》中已有明确规定，人均排放实则关注的要素是人口，产品消费量则侧重于从消费角度或国际贸易角度来看责任分担。

总结以上观点，学者多数认同了《公约》、《京都议定书》中规定的历史责任、各自的能力、气候地理条件、社会经济条件、发展中国家的需要等因素，同时在《公约》、《京都议定书》规定的基础上，学者提出了更具体的考量因素，如人口、能源效率、产业结构、技术水平、收入水平、消费排放等。

---

〔1〕 曹静、苏铭："应对气候变化的公平性和有效性探讨"，载《金融发展评论》2010 年第 1 期，第 99～100 页。

〔2〕 秦天宝、成邯："气候变化国际法中公平与效率的协调"，载《武大国际法评论》2010 年第 2 期，第 273 页。

（三）减排责任分担中应当考虑的因素

结合《公约》和《京都议定书》的规定以及学者的讨论，笔者提出应当以《公约》和《京都议定书》的规定为基本依据，将有助于减排责任分担、较为明确和易于衡量的因素作为国际温室气体减排责任分担最终的考量因素。以下依据各因素被广泛接受的程度和重要性，将各个考量因素分列为排放因素、人口因素、能力因素、地理和气候条件、能源资源禀赋、国际分工贸易和生存碳排放。

1. 排放因素

排放因素是减排责任分担的首要考虑因素，它包括历史排放和现实排放两类。历史排放是《公约》规定和学者讨论的一个重要考量因素，体现了对公平的考虑和共同但有区别责任原则的要求。目前全球气候变化问题主要源于发达国家自工业革命以来向大气排放的大量温室气体。由于温室气体的存量特征，这些累积的温室气体影响当代人的生活。为此，应当将历史排放作为减排责任分担的考虑因素之一。除了考虑历史排放外，还应考虑当下的现实排放。《京都议定书》的责任分担模式即是侧重现实排放，忽视历史排放的一个典型例子。尽管历史上发达国家是温室气体的主要排放者，但是近年来，随着一些发展中国家经济的崛起，个别发展中国家的排放量也在较快地增长。不重视现实排放，只关注历史排放的做法很难为发达国家所认同。因此，现实排放也是分配减排责任的考虑因素之一。

2. 人口因素

人口因素在《公约》和《京都议定书》中未明确规定，但是绝大多数学者都认为人口也是重要考量因素之一。发达国家和发展中国家除了在历史排放上存在巨大差别外，在人口数量上也有很大差别。一般而言，发达国家人口数量少，发展中国家人口基数大。根据人均平等排放权原则，世界各国每一个人对于温室气体的排放份额这一公共财产都平等地享有排放权。并且，发展中国家在人口数量众多的压力下，也需要更多地向地球索取资源，这一过程将不可避免地向大气排放各种温室气体。因此，人口数量也是分配减排责任应考量的因素。

3. 能力因素

《公约》和《京都议定书》多次提及缔约方"各自的能力"应当成为缔约方会议考虑的因素。问题在于，这里所称"各自的能力"具体表现为哪方面的能力。笔者认为，各自的能力至少包括经济能力和技术能力两方面。经济能力指的是各国的经济发展水平，一个经济实力强的富国应当比穷国拥有更高的能力应对气候变化。技术能力是指在应对气候变化的科学技术方面的能力，同样，发达国家经历工业化进程之后，也掌握了更多地应对气候变化、开发清洁能源等领域的技术。先进的技术是实现减缓行动的重要手段。

4. 地理和气候条件

地理和气候条件也是《公约》明确规定的考量因素之一。《公约》要求特别考虑到"地势低洼国家和其他小岛屿国家、拥有低洼沿海地区、干旱和半干旱地区或易受水灾、旱灾和沙漠化影响地区的国家以及具有脆弱的山区生态系统的发展中国家特别容易受到气候变化的不利影响"。考虑地理和气候条件的理由在于，对于其他条件相同而地理位置不同的两个国家，所需的基本碳排放量可能存在差别，而要维持舒适的生活条件所消耗的能源量也会有所不同。[1] 因此，分担温室气体减排责任时应当考虑各国的地理和气候条件。

5. 能源资源禀赋

与地理气候条件相似，能源资源禀赋也会影响到一国的温室气体排放水平。《公约》强调要考虑"其经济特别依赖于矿物燃料的生产、使用和出口的国家特别是发展中国家由于为了限制温室气体

---

〔1〕 高广生："气候变化与碳排放权分配"，载《气候变化研究进展》2006 年第 6 期，第 305 页。

排放而采取的行动所面临的特殊困难",这一规定反映了能源资源禀赋的因素。不同国家的能源资源的结构不同,相应地其基本需求的碳排放量也会有很大的不同。有些国家水电资源丰富,而化石燃料缺乏,而有些国家蕴藏丰富的煤炭、石油和天然气资源但很少有其他可再生能源。在产生同等能量的情况下,依靠化石能源为主要能源来源的国家要比使用可再生能源的国家排放更多的温室气体。[1] 一些学者还提出,对能源消费结构较重的国家应予以一定补偿,同时也应鼓励各国开发低碳能源或可再生能源。[2]

6. 国际贸易因素

尽管未在《公约》或《京都议定书》中明确规定,但国际贸易这一因素近年来广受各国关注,尤其是受到发展中国家的关注。世界各国在世界经济中的分工和贸易物品存在重大差别,发达国家掌握先进的技术,其国际贸易商品价值高、能耗少,相应的碳排放也较少,而发展中国家的国际贸易商品则大多是技术含量低、附加值低、能耗高、碳排放高的商品。[3] 国际分工和贸易与国际温室气体减排责任分担的关系在于,由于发达国家和发展中国家的贸易角色不同,相应地在国际贸易中发展中国家生产的高能耗产品被发达国家购买并消费,从而产生碳排放的转移。为了平衡由发展中国家生产而由发达国家消费的碳排放造成的不公,在分担减排责任时应考虑国际分工和贸易的因素。

二、国际温室气体减排责任分担的衡量指标

基于量化温室气体减排责任的要求,在分析减排责任分担的考量因素之后,下一步就是以这些因素为基础,将其进一步量化为可

---

〔1〕 高广生:"气候变化与碳排放权分配",载《气候变化研究进展》2006年第6期,第305页。

〔2〕 潘家华主编:《碳预算:公平、可持续的国际气候制度构架》,社会科学文献出版社2011年版,第165~166页。

〔3〕 高广生:"气候变化与碳排放权分配",载《气候变化研究进展》2006年第6期,第305页。

衡量的指标，以便在减排责任分担方案中加以应用。

（一）有关衡量指标的学者观点及评析

目前，国际上已逐步形成从国别排放指标、人均排放指标、碳排放强度指标、国际贸易排放指标、消费排放量指标、生存排放量指标、气候脆弱性指标、碳复合指标等等多个角度衡量各国温室气体减排责任的指标体系。指标选择的不同反映了对公正的不同解读和对不同利益的取舍，以下选取几个有代表性的学者观点：

中国科学院张志强、曲建升、曾静静在《温室气体排放评价指标及其定量分析》一文中提出温室气体排放的科学定量评价是建立国际温室气体减排框架的基础。文章系统阐述了目前国际上通行的温室气体排放的主要评价指标（包括国别排放指标、人均排放指标、GDP排放指标和国际贸易排放指标等），通过定量评价剖析这些评价指标的优缺点及其局限性。文章还提出以"工业化累积人均排放量"来客观定量评价世界各国工业化以来温室气体历史累积排放量的当代人均量。[1]

中国科学院苏利阳博士等人在《面向碳排放权分配的衡量指标的公正性评价》一文中以公正性为出发点，衡量了国际社会主要存在的碳排放衡量指标（包括国家排放总量、国家累积排放量、人均排放指标、人均累积碳排放量、碳排放强度、碳复合指标、行业指标等）的公平性。作者认为，国家累积排放总量指标反映了各国的历史责任，比国家排放总量指标更具公平性，但两个指标都忽略了平等主义原则。而人均排放指标则体现了平等主义原则，并在一定程度上体现了支付能力原则。比较而言，碳复合指标能反映更多的公正原则，也更容易被接受。[2]

清华大学滕飞等人在《碳公平的测度：基于人均历史累计排放

---

〔1〕 张志强、曲建升、曾静静："温室气体排放评价指标及其定量分析"，载《地理学报》2008年第7期，第695~701页。

〔2〕 苏利阳等："面向碳排放权分配的衡量指标的公正性评价"，载《生态环境学报》2009年第4期，第1595~1596页。

的碳基尼系数》一文中提出碳基尼系数、碳洛仑兹曲线的概念。文章以人均历史累计排放为基础，借用了收入分配公平的研究思路，以洛仑兹曲线和基尼系数为指标，建立了一个综合性指标测度排放空间中的分配公平问题，并借用碳基尼系数分析得出目前70%的排放空间被用于不公平分配的结论。基于人均累计排放的碳基尼系数可以用来衡量碳排放空间的不平等，进而检验现有温室气体减排责任分担方案的公平程度，为碳公平的讨论提供量化指标。[1]

樊纲、苏铭、曹静在《最终消费与碳减排责任的经济学分析》一文中提出以"消费排放"作为界定各国的责任才更为公平，因为最终消费而不是生产才是导致气候变化的根本原因。文章将《公约》中共同但有区别责任原则扩展为"共同但有区别的碳消费权"原则，并建议以1850年以来的累积消费排放作为重要衡量指标。作者认为消费排放的概念有利于在实践中引导政策措施的目标，从长期来看也有利于提倡改变人们的生活方式与消费模式。[2]

总结以上观点，可以看到学者在衡量指标的类别方面争议不大，但学者的分歧主要在于哪些衡量指标更为公平，更应当作为主要的衡量指标。有的认为，国家累积排放问题指标更公平，有的认为人均排放指标更公平，[3] 有的认为综合人均和累积两种因素的人均累积排放指标更公平，[4] 有的认为以累积消费排放衡量更公平，有的还借用经济学中的基尼系数、洛仑兹曲线等概念来测度现有指标的公平程度。尽管具体指标有所不同，但是多数学者比较强调人口和历史排放这两种因素，反映到衡量指标上即以人均累积排

〔1〕 滕飞等："碳公平的测度：基于人均历史累计排放的碳基尼系数"，载《气候变化研究进展》2010年第6期，第449~454页。

〔2〕 樊纲等："最终消费与碳减排责任的经济学分析"，载《经济研究》2010年第1期，第12页。

〔3〕 王伟中等："《京都议定书》和碳排放权问题"，载《清华大学学报（哲学社会科学版）》2002年第6期，第85页。

〔4〕 丁仲礼等："2050年大气CO_2浓度控制：各国排放权计算"，载《中国科学D辑：地球科学》2009年第8期，第1023页。

放指标为主要衡量指标。笔者认为，一个公正的责任分担衡量指标应当是全面考虑各个因素的基础上得出的一个综合性指标。累积排放指标和人均指标固然有其重要性，但是在两种指标之外还应考虑生存碳排放、地理和气候条件、能源资源禀赋、国际分工和贸易等因素。而这些因素都是人均累积排放指标所不能涵盖的。

（二）减排责任分担中应当考虑的衡量指标

结合以上对减排责任分担考量因素的分析和学者对各项减排责任分担衡量指标的评价，笔者提出应在减排责任分担方案中综合使用以下衡量指标：

1. 国别排放指标

国别排放指标综合了历史排放和现实排放两个因素，以国家为单位计算各国的温室气体排放量。这是最早使用也是最基本的衡量指标。《京都议定书》即是以 1990 年各国的温室气体排放量为基础分担附件一国家的减排责任。以国别为单位的原因在于各缔约国是气候大会的谈判主体，也是减排责任的承担主体。依据是否考虑历史排放，国别排放可以划分为国家历史累积排放指标和国家现实排放指标。依据时间尺度的不同，国别排放指标还可以划分为某年温室气体排放指标、某时段温室气体排放指标。在国别指标之外，目前还存在区域排放指标（如欧洲）和地方排放指标（如加利福尼亚州）。[1] 区域排放指标和地方排放指标是国别指标的有益补充，但是两者无法取代国别排放指标的基础地位。

2. 人均排放指标

人均排放指标与人口因素相对应，是以人为单位计算每人的温室气体排放量。如前文所述，人口数量是减排责任分担的重要考虑因素之一。发达国家和发展中国家在人口数量上存在巨大差别，以人均排放为指标能够反映发展中国家发展本国社会经济的要求，并

---

〔1〕 张志强、曲建升、曾静静："温室气体排放评价指标及其定量分析"，载《地理学报》2008 年第 7 期，第 695～701 页。

适当缓解历史上发达国家排放大量温室气体造成的不平等现状。同时，人均排放指标也与人均平等排放权原则相契合，体现人人对地球公共资源利用、生存和发展所享有的平等权利，并有助于发展中国家人口的发展权益。[1] 依据是否考虑历史排放，人均排放指标可以分为当前人均排放指标和人均累积排放指标。从公平的角度考虑，人均累积排放指标比当前人均排放指标更能保护发展中国家的利益，体现共同但有区别责任的原则。

3. 减排能力指标

减排能力指标是与各自的能力因素相对应，以各国减排的各项经济、社会、技术等能力相关的指标。其中经济指标是最易量化的指标，与此相关的一个概念是碳排放强度（或单位 GDP 碳排放）。碳排放强度是美国于 2001 年提出名为《晴朗天空与全球气候变化行动》的核心思想，即在不损伤经济增长能力的情况下，降低单位 GDP 温室气体排放强度。[2] 碳排放强度指标体现了各国试图在应对气候变化与维护本国经济增长之间进行平衡。近年来的国际气候谈判中，一些国家也开始使用碳排放强度指标作为减排目标。但是碳排放强度指标的缺陷在于将一国经济与减缓气候变化行动捆绑起来，无法真实反映一国在减缓气候变化方面所作的努力。与单一的经济指标相比，人类发展指数（HDI）则综合了经济水平、教育水平、生活质量、社会发展等各方面的因素，因而更能反映各国的综合能力。

4. 气候变化脆弱性指标

气候变化脆弱性指标是与一国的地理气候条件、能源资源禀赋等相对应的温室气体排放衡量指标，旨在考察各国受气候变化影响的程度。目前已有一些机构对全球气候变化脆弱性进行评估，比较

〔1〕 张志强、曲建升、曾静静："温室气体排放评价指标及其定量分析"，载《地理学报》2008 年第 7 期，第 695～701 页。
〔2〕 张志强、曲建升、曾静静："温室气体排放评价指标及其定量分析"，载《地理学报》2008 年第 7 期，第 695～701 页。

有影响的包括：IPCC 第二工作组发布的题为《影响、适应与脆弱性》研究报告，德国非政府组织德国观察（Germanwatch）研究的"气候风险指数"（Climate Risk Index，CRI）和英国风险评估公司梅普尔克罗夫特（Maplecroft）开发的"气候变化脆弱指数"（Climate Change Vulnerability Index，CCVI）。其中，梅普尔克罗夫特公司的气候变化脆弱指标是迄今对全球气候变化脆弱性最为全面的量化评估。梅普尔克罗夫特公司将气候变化脆弱指数的等级分为"极度风险"、"高度风险"、"中度风险"、"低度风险"四类，并标明了各国在所划分的四个气候变化风险等级中的位置，从而解决了全球减排路线图的气候变化脆弱性指标问题。[1]

5. 国际贸易排放指标

国际贸易排放指标是和国际分工与贸易相对应的一个衡量指标，旨在反映在国际贸易中碳排放转移问题。考虑到在国际贸易中碳排放随着产品和服务的流通而发生转移，国际贸易排放指标将碳排放计算在产品和服务的最终消费者身上，而非产品或服务的生产者身上。[2] 有的学者将国际贸易排放指标进一步发展为消费排放量指标，提出国际贸易排放指标不足以全面衡量某个国家或地区所消费的所有产品和服务的温室气体排放，而消费排放量标准则相对公平地衡量全球温室气体的排放责任。[3] 笔者认为在国际温室气体减排责任分担中，只需关注国际贸易排放以平衡在国际贸易中的碳排放转移，而无需在国际贸易和国内贸易中均以消费排放作为唯一衡量标准。换言之，在国际温室气体减排责任分担中应以生产排放衡量各国碳排放水平为主，以国际贸易排放作为对国家碳排放的

---

〔1〕 张磊："全球减排路线图的正义性——对胡鞍钢教授的全球减排路线图的评价与修正"，载《当代亚太》2009 年第 6 期，第 57~59 页。

〔2〕 张志强、曲建升、曾静静："温室气体排放评价指标及其定量分析"，载《地理学报》2008 年第 7 期，第 695~701 页。

〔3〕 张志强、曲建升、曾静静："温室气体排放评价指标及其定量分析"，载《地理学报》2008 年第 7 期，第 695~701 页。

调整与补充。

除了以上提及的五种单一指标以外，一些学者还提出将一些衡量指标综合起来形成碳复合指标。碳复合指标的优点在于在一些有影响力的分担指标之间寻找折衷点，更易为发达国家和发展中国家接受。相对于单个指标，复合指标能考虑到更多的因素，但同时也降低了各个因素的重要程度。[1]现有的碳复合指标一般是综合了人口、国别排放、GDP 等分担指标，但是未将国际贸易排放指标、气候变化脆弱性指标等考虑进来，因此目前还缺乏一个反映各方面考量因素的综合性、多层次的碳复合指标。

三、建立国际温室气体减排责任分担指数

总结以上对考量因素和衡量指标的分析，国际温室气体减排责任分担的考量因素包括排放因素、人口因素、能力因素、地理和气候条件、能源资源禀赋、国际贸易六大因素，相应的衡量指标包括国别排放指标、人均排放指标、减排能力指标、气候脆弱性指标、国际贸易排放指标五大指标。其中国别排放指标和人均排放指标可以整合为人均累积排放指数，减排能力指标可以转化为气候能力指数，国际贸易排放指标可以转化为国际贸易排放指数，一共四个指数。国际温室气体减排责任分担指数即是在这六大因素、五大指标、四大指数的基础上建立的。

（一）人均累积排放指数

人均累积排放指数（Cumulative Emissions Per Capita Index，CEPCI）是国际温室气体减排责任分担指数中权重最高的一个指数，它既反映了人均平等排放权原则中的人均平等要求，也反映了共同但有区别责任原则中的历史责任要素。

要计算人均累积排放指数首先需要一套有关世界各国历史排放和人均排放量的数据库。世界资源研究所（WRI）开发了一种气候

---

〔1〕 苏利阳等："面向碳排放权分配的衡量指标的公正性评价"，载《生态环境学报》2009 年第 4 期，第 1595～1596 页。

分析指标工具（Climate Analysis Indicators Tool, CAIT），[1] 其中收集了全球 186 个国家于 1850～2005 年的能源活动 CO_2 排放数据。但是这个数据库只收集了能源活动 CO_2 的排放数据，不包括除 CO_2 以外其他温室气体的数据，也不包括能源活动以外产生的 CO_2 的数据。因此，CAIT 这一指标工具还不够完善，但是可以采用 CAIT 的数据作一些基础分析。根据 CAIT 中对 186 个国家 1850～2005 年人均累积排放的统计，排名第一的是卢森堡，人均累积排放 1357.6 吨 CO_2e，排名最后一位的是乍得，人均累积排放 0.7 吨 CO_2e。美国排名第三，人均累积排放 1076.2 吨 CO_2e，中国排名第九十一，人均累积排放 70.2 吨 CO_2e。

在得到有关人均累积排放数据后，为了将其转换为指数形式而更具可比较性，笔者借鉴人类发展指数（HDI）的计算办法将人均累积排放指数计算如下：[2]

人均累积排放指数 =（实际人均累积排放值 − 最小值）/（最大值 − 最小值）

为了区分各国的人均累积排放，可参照人类发展指数的四种类型（极高、高、中等和低）依据人均累积排放指数将各排放国分为四组：①人均累积排放极高（0.1～1）的国家；②人均累积排放高（0.02～0.1）的国家；③人均累积排放中等（0.01～0.02）的国家；④人均累积排放低（0～0.01）的国家。

（二）气候能力指数

减缓气候变化的能力与一国的经济、社会发展、科学技术等情

---

[1] See World Resources Institute, *Climate Analysis Indicators Tool*, http://cait.wri.org/.

[2] 参见《2011 年人类发展报告——可持续性与平等：共享美好未来》，技术注释部分，第 168 页。《2011 年人类发展报告——可持续性与平等：共享美好未来》的全文见 UNDP 官方网站 http://hdr.undp.org/en/media/HDR_2011_CN_Complete.pdf。

况密切相关，但是最主要的影响因素还是经济因素。这里借用联合国开发计划署开发的"人类发展指数"（HDI）作为气候能力指数的数据来源。

人类发展指数是联合国开发的反映各国经济社会发展水平的指标。人类发展指数的概念最早由巴基斯坦经济学家马赫布·乌尔·哈克（Mahbub ul Haq）于 1990 年提出，作为对传统的国民生产总值（GNP）的改进。自 1990 年开始，联合国开发计划署（UNDP）每年都发布一份人类发展报告（Human Development Report，HDR），并且每份报告都有一个特殊的主题。最近的一份人类发展报告为《2011 年人类发展报告——可持续性与平等：共享美好未来》（以下简称"2011 年人类发展报告"）。[1] 根据 2011 年人类发展报告，人类发展指数排名前五的国家分别为挪威、澳大利亚、荷兰、美国和新西兰，其中挪威和美国的人类发展指数分别为 0.943 和 0.929，排名最后的国家为刚果，人类发展指数为 0.286。2011 年人类发展报告将 187 个国家分为四组（极高人类发展水平的国家、高人类发展水平的国家、中等人类发展水平的国家和低人类发展水平的国家），每一组国家的数量约为 47 个。中国人类发展指数为 0.687，位列世界第 101 位。

气候变化与人类发展指数具有一定的相关性。根据 2011 年人类发展报告，占世界人口约 1/6 的极高人类发展水平指数国家占世界 CO_2 排放的最大份额，这些国家在 1850~2005 年间排放了全球近 2/3（64%）的 CO_2。与此同时，低、中等与高人类发展指数国家 CO_2 排放的增长占全球 CO_2 排放增长的 3/4 以上。自 1850 年，占总累积排放的约 30% 来自美国，排名第二的排放大国是中国（9%），紧随其后的是俄罗斯（8%）和德国（7%）。极高人类发展指数国家产生的人均累积 CO_2 排放量为低、中等与高人类发展指

<hr>

[1] 参见 UNDP 官方网站，http://hdr.undp.org/en/reports/global/hdr2011/download/cn/.

数国家的 9 倍。[1]

(三) 气候变化脆弱性指数

"气候脆弱性"主要取决于一国的气候地理条件，同时也要考虑该国的经济技术发展水平。[2] 气候变化脆弱性指数与一国的气候地理条件、能源资源禀赋等相关。如前文所述，在三个研究气候脆弱性的体系中，梅普尔克罗夫特（Maplecroft）公司的气候变化脆弱指数（Climate Change Vulnerability Index, CCVI）是相对来说较为全面的。这里主要以梅普尔克罗夫特公司开发的"气候变化脆弱指数"作为衡量依据。梅普尔克罗夫特将 CCVI 的等级分为四类，用 0 ~ 10 之间的数值来表示。为了增加数据间的比较性，本书将梅普尔克罗夫特的 CCVI 等级用 0 ~ 1 的数值表示，相应地四类等级分别为：极度风险（0 ~ 0.25）、高度风险（0.25 ~ 0.5）、中度风险（0.5 ~ 0.75）和低度风险（0.75 ~ 1）。评价气候风险的因素包括穷困程度、人口密度、气候事件、对易受洪水干旱影响土地的依赖程度等。

根据梅普尔克罗夫特公司 2013 年发布的气候变化脆弱性指数，在受评估的 193 个国家中，气候风险最高的前 10 个国家为：孟加拉、几内亚比绍、塞拉利昂、海地、南苏丹、尼日利亚、刚果民主共和国、柬埔寨、菲律宾和埃塞俄比亚。印度、巴基斯坦、越南等国被列为极度气候风险国家，而印尼、泰国、肯尼亚、中国等国被列为高气候风险国家。[3]

---

〔1〕 参见《2011 年人类发展报告——可持续性与平等：共享美好未来》，第 33 页。

〔2〕 李春林："气候变化与气候正义"，载《福州大学学报（哲学社会科学版）》2010 年第 6 期，第 48 页。

〔3〕 参见 http://reliefweb.int/report/world/31 – global – economic – output – forecast – face – 'high' – or – 'extreme' – climate – change – risks – 2025.

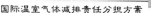

图3   气候变化脆弱性全球分布图

资料来源：梅普尔克罗夫特公司网站，http：//maplecroft. com/about/news/
ccvi. html.

（四）国际贸易排放指数

在人均累积排放指数、气候能力指数、气候变化脆弱性指数之
外，还应注意国际贸易对气候变化责任分担的影响，当前的国际贸
易将很大部分的温室气体减排责任从发达国家转移到了发展中国
家。2011人类发展报告中指出，1970~2007年间全球 CO_2 排放量
增长了112%，这主要有三个刺激因素：人口增长、消费增加与碳
密集生产，其中消费的增加一直以来都是主要刺激因素，占上述排
放变化的91%，人口增长则贡献了79个百分点，碳密集生产占上
述变化的负70%，折射出科技的进步。换言之，排放增长背后的主
要原因是因为越来越多的人在消费越来越多的产品。这种消费一部
分是在国内消费，另一部分表现为国际贸易则在国外消费。国际贸
易使各国将其消费的商品中的碳成分转移给生产这些商品的国家。

自 1995 年至 2005 年，国际贸易中商品的生产所排放的 CO_2 增长了 50%。[1]

考虑到国际贸易与全球贸易的密切关系，很多研究开始估算国际贸易中的隐含碳（Embodied Carbon）。这些研究都指出为了体现公平价值，应当将国际贸易中隐含碳纳入各国碳排放量的计算中。[2] 丹麦学者蒙克斯高（Munksgaard）和佩德森（Pedersen）提出不光是生产者，消费者也要承担 CO_2 排放的责任，发达国家不能将污染密集型产业转移到发展中国家而逃避责任，因为发展中国家生产的不仅仅是满足本国消费的产品，还要进行大量的出口。[3] 台湾学者冯君君（Jiun - Jiun Ferng）建议应该建立一个合适的规章制度，让产品的消费者也在一定程度上承担污染物排放的责任，这与蒙克斯高和佩德森的观点不谋而合。[4]

遗憾的是，现有的研究中还未提出一个可供直接利用的国际贸易排放指数数据库。笔者认为生产者与消费者都从含碳商品的贸易中获益（生产者增加了收入、消费者享受了产品），因此生产者与消费者应当共担这一商品的碳排放责任。[5] 与其他三个指数较为固定有所不同，国际贸易排放指数随着各国每年的贸易进口量和出口量的不同而不同，商品进口国与出口国分担排放责任的比例需由国际社会协商而确定，并因国际贸易产品所属产业的种类、消费模

〔1〕 参见《2011 年人类发展报告——可持续性与平等：共享美好未来》，第 32 ~ 33 页。

〔2〕 Jiun - Jiun Ferng, "Allocating the Responsibility of CO_2 Over - emissions from the Perspectives of Benefit Principle and Ecological Deficit", 46 *Ecological Economics* 2003, p. 122.

〔3〕 Jesper Munksgaard, Klaus Alsted Pedersen, "CO_2 Accounts for Open Economies: Producer or Consumer Responsibility?" 29 *Energy Policy* 2001, pp. 327 ~ 334.

〔4〕 Jiun - Jiun Ferng, "Allocating the Responsibility of CO_2 Over - emissions from the Perspectives of Benefit Principle and Ecological Deficit", 46 *Ecological Economics* 2003, pp. 121 ~ 141.

〔5〕 Jiun - Jiun Ferng, "Allocating the Responsibility of CO_2 Over - emissions from the Perspectives of Benefit Principle and Ecological Deficit", 46 *Ecological Economics* 2003, p. 124.

式等而有所区分。

（五）国际减排责任分担指数的计算

建立了人均累积排放指数、气候能力指数和气候变化脆弱性指数和国际贸易排放指数四大指数之后，下一步就是在综合四大指数的基础上得到减排责任分担指数。

计算减排责任分担指数首先需要根据上述四大指数的重要程度对它们进行加权。一般而言，对指标进行加权的方法包括平均加权、专家加权和统计加权三种。平均加权指对于四大指数予以均等的权重。由于四大指数对于减排责任的意义不同，平均加权不适合作为主要加权方法。专家加权是由若干个专家对四大指数分别给出权重，并综合出一个为众专家相对接受的权重。限于时间、成本和专家的专业性、公正性问题，本书不采用此种方法。统计加权是采用统计学方法和软件所做的加权，这是学界比较普遍使用和接受的方法。作为补充，在科学加权法不能适用的情况下，还可以依据正义基础和谈判现实给予四大指数以主观加权。[1]

在进行加权时，应当明确人均累积排放指数是四大指数中最重要的一个指数，权重也应当最重。而气候能力指数、气候变化脆弱性指数和国际贸易转移排放指数可以作为调整因素，进一步体现减排责任分担中的公平价值。假设人均累积排放指数（Ic）、气候能力指数（Ip）、气候变化脆弱性指数（Iv）和国际贸易排放指数（It）的权重分别为 φp、φc、φv、φt，就可以得到一个计算各国温室气体减排责任分担指数的公式：

$$Ii = \varphi c \cdot Ic + \varphi p \cdot Ip + \varphi v \cdot Iv + \varphi t \cdot It$$

这里 φp、φc、φv、φt 的取值范围为 0 ~ 1，其中 φp 的值大于

---

〔1〕 张磊："全球减排路线图的正义性——对胡鞍钢教授的全球减排路线图的评价与修正"，载《当代亚太》2009 年第 6 期，第 60 ~ 61 页。

φc、φv 和 φt 的值。Ii 的值为一国减排责任占全球总减排责任的比重，取值范围也在 0~1 之间。在四项指数中，φc · Ic 和 φp · Ip 与 Ii 为正相关，即一国人均累积碳排放指数或气候能力指数越高，该国的减排责任指数也越高。φv · Iv 与 Ii 为负相关，即一国气候变化脆弱性指数越高，该国的减排责任指数就越低。φt · It 与 Ii 的关系可能为正相关，也可能为负相关，这取决于一国进口商品含碳量与出口商品含碳量的比较。对于进口更多含碳产品的国家来说，It 的值为正，即承担更多的减排责任；对于出口更多含碳产品的国家来说，It 的值为负，即会减轻该国的一些减排责任。

假设全球碳预算总量为 ΣE，则相应地各国应当承担的减排量计算公式为：

$$Ei = \sum E \cdot Ii$$

计算出各国应当承担的减排量 Ei 之后，将 Ei 与该国的实际减排量 Ei' 进行比较。如果 Ei' < Ei，则该国存在"碳赤字"（carbon deficit），应当通过碳排放贸易等购买碳排放额补足所欠减排量。如果 Ei' > Ei，则该国存在"碳盈余"（carbon surplus），可以储存起来供将来使用或投入到碳排放贸易市场出卖多余的碳排放额。

第四节 对新型国际温室气体减排责任分担方案的评析

本书提出的新型减排责任分担方案是在全球减排目标之下确立全球的减排任务，并将国际温室气体减排责任分担中的考量因素、衡量指标综合形成一个减排责任分担指数，最终根据各国的减排责任分担指数具体分配减排责任。这种新型减排责任分担方案具有其他现有方案无法相比的优势，但也存在一定的不足。

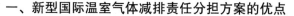

一、新型国际温室气体减排责任分担方案的优点

新型减排责任分担方案的优势主要表现为以下几个方面：

（一）突破了传统国家的简单二元划分

新型减排责任分担方案首先应当改变传统的国家二分法，将对气候变化影响小、碳排放小、经济发展水平低的最不发达国家和小岛屿国家排除在强制减排的责任主体之外。在此基础上，对发达国家和其余发展中国家采用一个综合性的指标体系来具体分担各自的减排责任。这就改变了传统的国家二分法。

如前文所述，《公约》和《京都议定书》基本上采取"两分法"的方式，将一百九十多个缔约国分为发达国家和发展中国家。其中，发达国家又划分为 OECD 国家和经济转型国家（EIT）。而对一百多个发展中国家并未进一步划分。这种对发展中国家采用"一刀切"的国家分类原则并不适合现实情况，也不利于减排目标实现。[1]

近年来，发展中国家进一步分化，中国、巴西、印度、南非等少数经济发展较快的发展中国家温室气体排放速度增快，成为温室气体排放大国。而一些小岛屿国家温室气体排放量很小，却最先遭遇气候变化带来的不利影响。这使得越来越多的学者提出了对《公约》二分法的质疑。一些学者认为，"发展中国家"这一称号成为有些温室气体排放大国逃避减排责任的借口，为保证全球应对气候变化的有效性，那些较发达的发展中国家也应承担量化减排义务。诚如北京理工大学龚向前教授所说，"若只要求发达国家减排而发展中国家不承担任何责任，则如此'有区别的'安排不仅无效率，也存在正当性疑问"，"保障发展中国家的生存权和发展权，并非不

---

[1] 吴卫星："后京都时代（2012～2020 年）碳排放权分配的战略构想——兼及'共同但有区别的责任'原则"，载《南京工业大学学报（社会科学版）》2010 年第 2 期。

能对生活方式和发展模式做出要求"。[1] 事实上，一些学者已经开始思考通过采取其他方法来解决传统二分法带来的矛盾。例如，美国丹佛大学的安妮塔·M.哈佛森（Anita M. Halvorssen）教授就提出，应当修改《京都议定书》，增加一个新的类别——附件C国家（包括那些正在迅速发展，并且排放大量温室气体的国家），同时应当建立一个附件C减缓基金，帮助那些新的附件C国家完成新的承诺。[2] 在上文列举的中国学者提出的减排责任分担方案中，"一个地球、四个世界"的减排路线图和三个世界的构想均提出了改变传统国家二分法的设想，只是具体的区分方法和划分的类型有所不同。[3]

对《公约》的两分法进行修正已成为一个趋势，但是对于具体以何种标准划分各个缔约国才最为公平，学者之间并未达成一致意见。笔者通过建立减排责任分担指数明确地区分了需要承担量化减排义务的国家的减排责任，是对传统国家二分法的一个突破。

（二）从三个不同层次体现了三种公平

新型减排责任分担方案的着眼点包括全球、国家与个人三个层次。在全球层次，新型减排责任分担方案认识到减缓气候变化是一个全球问题，因此在分担各国的减排责任前首先需要从全球视角，以全球升温限制为目标，扩展到大气中的温室气体浓度目标，进而确定全球的碳预算总额。在国家层次，新型减排责任分担方案的大

〔1〕 龚向前："解开气候制度之结——'共同但有区别的责任'探微"，载《江西社会科学》2009年第11期，第138~139页。

〔2〕 Anita M. Halvorssen, "Common, but Differentiated Commitments in the Future Climate Change Regime: Amending the Kyoto Protocol to Include Annex C and the Annex C Mitigation Fund", *Colorodo Journal of International Environmental Law and Policy*, (18) 2007, *pp.* 247~248.

〔3〕 胡鞍钢："通向哥本哈根之路的全球减排路线图"，载《当代亚太》2008年第6期，第25~26页。吴卫星："后京都时代（2012~2020年）碳排放权分配的战略构想——兼及'共同但有区别的责任'原则"，载《南京工业大学学报（社会科学版）》2010年第2期，第21~22页。

部分设计都是以国家为单位和出发点，这是由于国家是主要的谈判
主体和责任承担主体。全球碳预算总额最终转化为各个国家的减排
任务，因此国家层次是三个层次中最重要的一环。在个人层次，新
型减排责任分担方案考虑到以个人为出发点的生存碳排放，并依据
生存碳排放承担量化减排责任的界限，将最不发达国家和小岛屿国
家排除在承担量化减排责任的国家之外。这弥补了以往方案中只重
视国家而忽视个人的缺陷。

从全球、国家与个人三个层次出发，新型减排责任分担方案体
现了三种公平：当代人与后代人的代际公平，国家与国家之间的代
内公平，人与人之间的人际公平。新型减排责任分担方案体现了代
际公平，因为新型减排责任分担方案明确提出了全球减排目标，其
中包括达到峰值的年份。峰值年份的确定实际上就是在当代人与后
代人之间进行减排成本的分担，使得当前的减排措施能够保障将来
的可持续发展，同时又不会将更多地减排责任转移给后代人。新型
减排责任分担方案也体现了国家与国家之间的代内公平。国家与国
家之间在历史排放水平、人口数量、经济社会发展水平、地理气候
条件、能源资源禀赋、减排技术水平等方面存在种种差别，新型减
排责任分担方案在承认这些差别的基础上，尽量将这些差别反映到
新型减排责任分担方案的设计中，力求实现国与国之间最大可能的
公平。新型减排责任分担方案更体现了人与人之间的人际公平。追
求国家与国家之间的代内公平的根本目的是为了实现人与人的人际
公平。新型减排责任分担方案通过在国家之间公平分担减排责任，
为人际公平提供保障。现有责任分担机制多侧重于国家与国家之间
的公平，较少关注人际公平的问题。与现有责任分担机制相比，新
型减排责任分担方案直接应用生存碳排放，关注那些穷困人群生存
和发展的基本权益。

（三）具有较强的可接受性和可操作性

新型减排责任分担方案具有较强的可接受性。现有的减排责任
方案之所以很难获得更多认同，很大部分原因在于现有方案的立场

倾向或偏好十分明显，发达国家为维护自身利益提出各项减少其减排责任的方案，而发展中国家也同样如此。这种鲜明的立场使得本来带有一定主观色彩的基本原则在实际运用中，变成发达国家和发展中国家打着同样的旗号，却各执一词，争吵不休。为克服现有减排责任方案的这一问题，新型减排责任分担方案通过使用尽量客观的要素并提炼形成一个较为中性的减排责任分担指数。这个分担指数站在了较为客观公正的立场，并且不会对发达国家或发展中国家的任何一方明显有利。不论是对发达国家还是对发展中国家，这种中性立场的减排责任分担方案都显得更容易接受。

新型减排责任分担方案也具有很强的可操作性。现有的减排责任方案的一大缺陷就是可操作性差，即使完全按照现有方案实行，仍然不能明确得出各国应当承担的减排义务。相比之下，新型减排责任分担方案将因素、指标、指数一步步进行量化，最终得出一个各国应当减排量的计算公式。这使得减排责任分担的过程变得客观清楚，也简洁明了，克服了原有方案可操作性不足的问题。

二、新型国际温室气体减排责任分担方案的不足

新型国际温室气体减排责任分担方案的不足，主要表现为以下两方面：

（一）减排责任分担指数的计算方法较为粗糙

新型国际温室气体减排责任分担方案的亮点在于建立了一个减排责任分担指数。虽然减排责任分担的来源依据比较充分，包括六大因素五大指标四大指数，但是体现到最后的计算公式上则显得较为粗糙。计算公式仅采用最简单的加权平均，不能反映四大指数对责任分担影响性质的不同。并且这四大指数的加权还是一个未知数。所以，新型减排责任分担方案中的各国减排量计算方法还处于一个雏形阶段，还无法完美展现各指数的权重及影响。

（二）还没有实现运用到各国的减排额计算中

新型国际温室气体减排责任分担方案中一些常量还没有确定下来。例如，四大指数中的国际贸易排放指数还没有现成的数据库，

并且国际贸易排放指数的变动性比其他三个指数都大。如何处理国际贸易排放指数的变动与其他三个相对固定指数的矛盾还是一个问题。另外，由于四大指数的权重也未确定下来，使得现有的减排责任分担方案还无法真正运用到各国减排额的实际测算中。并且，新型减排责任分担方案的可行性、公平性等还有待于实践的检验。在具体的应用过程中，这种减排方案可能还应当根据实际情况作出调整。

第五章

国际温室气体减排责任分担与
中国的应对

中国在国际温室气体减排责任分担机制中具有举足轻重的影响，而责任分担机制的建立对中国也有重要影响，因此中国在国际温室气体减排责任分担机制的建立中应当采取什么态度、如何加以应对，不仅对中国来说至关重要，而且也备受世界其他国家的关注。如果说之前一直是从国际、全球的视角来看国际温室气体减排责任分担机制的各个方面，那么本章则从中国、个案的视角对国际温室气体减排责任分担机制进行分析，并提出中国面临的减排挑战和应对策略。

第一节　新型减排责任分担方案对中国的影响

针对国际温室气体减排责任分担，现有的诸多方案还存在一定局限性。相较而言，本书建立的新型减排责任分担方案处于更加客观公正的立场，更易为各国所接受，并且新型减排责任分担方案中分解的相关考量因素，也是未来国际气候责任分担谈判争论的焦

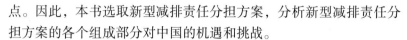

点。因此，本书选取新型减排责任分担方案，分析新型减排责任分担方案的各个组成部分对中国的机遇和挑战。

一、新型减排责任分担方案对中国的有利因素

（一）人口因素

一般而言，人口越多，一个国家的碳排放预算额就越大。中国是一个人口大国，气候责任指数中采用人均累积历史排放对于中国而言，能缓解中国的减排压力。但是这里的人均是以固定年份的人口数量（如 2005 年）为依据，还是按动态的人口数量每年或定期更新人口数据，还值得商榷。

以动态人口数量计算，可以及时反映一个国家的真实人口数量。对中国而言，按动态人口数量计算更有利，因为中国人口基数大，虽然近年来中国开展的计划生育有效控制了人口增长速度，但是人口总量仍然每年持续增长。按国家计划生育委员会的预测，中国人口将持续增长到 2033 年前后，届时峰值达 15 亿。以动态的人口数量计算，中国就能获得更多的排放空间。但是动态人口计量的一个弊端是客观上鼓励人口增长，以人口来换取排放空间。以固定年份的人口数量计量，冻结了人口数量，对新增的人口则没有碳预算额度。对于发展中国家而言，由于发展中国家的人口迅速增长，新增的人口数量十分可观，新增的人口将得不到碳预算配额。而对于发达国家而言，多数发达国家的人口增长速度比较缓慢，有些国家的人口数量甚至在逐年减少，而减少的人口也不会影响到这些国家的碳预算配额。对于美国、加拿大、澳大利亚和俄罗斯等迁入人口较多的国家，由于碳预算方案允许排放配额随人口跨国移动，迁入人口的不利影响可基本排除。[1]

整体而言，人口因素体现了人均平等排放权原则，是新型减排责任分担方案对中国较为有利的一个因素，并且以动态人口数量计

---

〔1〕 潘家华、陈迎："碳预算方案：一个公平、可持续的国际气候制度框架"，载《中国社会科学》2009 年第 5 期，第 94 页。

国际温室气体减排责任分担机制研究

算的计量方法对中国更有利。

（二）历史排放因素

新型减排责任分担方案中以人均累积碳排放为主要分配标准，体现了历史排放因素。根据人均平等排放权原则，世界上每个人都平等享有利用气候资源的权利，而一定数量的人均累积碳排放空间是现代化进程中必不可少的，因此人均累积排放量趋同也是国际温室气体减排责任分担中的一个趋势。[1] 人均累积排放量趋同体现了国际气候变化的公正价值，也在一定程度上弥补了历史上发达国家排放大量温室气体压缩发展中国家减排空间带来的不利影响。表5列举了清华大学何建坤等人测算的主要国家在1850~1990年间和1850~2005年间的人均累积排放量。[2]

表5　主要国家人均累积 CO_2 排放量（tCO_2/人）

国　　家	人均累积排放量	
	1850~1990 年	1850~2005 年
美　国	1 628.05	1 925.68
英　国	1 314.13	1 452.23
德　国	971.80	1 134.23
日　本	288.91	430.27
中　国	45.59	88.08
印　度	22.63	36.85
附件一平均	773.9	940.2
非附件一平均	183.4	223.3
世界平均	352.0	416.7

　　[1]　何建坤、滕飞、刘滨："在公平原则下积极推进全球应对气候变化进程"，载《清华大学学报（哲学社会科学版）》2009 年第 6 期，第 48~50 页。
　　[2]　何建坤、滕飞、刘滨："在公平原则下积极推进全球应对气候变化进程"，载《清华大学学报（哲学社会科学版）》2009 年第 6 期，第 49 页。

　　从表中可以看到，与其他发达国家相比，中国的人均累积排放量还比较低，甚至低于非附件一国家的平均水平。因此，历史排放因素体现了共同但有区别责任原则，是新型减排责任分担方案中对中国较为有利的一个因素。

　　（三）国际贸易因素

　　在新型减排责任分担方案中的一大考虑因素就是国际贸易带来的温室气体转移排放。如前文所述，在国际贸易中，发达国家生产的国际贸易商品具有技术先进、价值高、能耗少、碳排放少的特点，而发展中国家生产的国际贸易商品则恰好相反，技术含量低、附加值低、能耗高、碳排放高。[1] 而发展中国家生产的这些产品中很多并非由本国消费，而是流入发达国家，由发达国家的人员消费。因此，在国际贸易中，有相当一部分碳排放由发展中国家转移到发达国家。但这部分产品的碳排放仍然计在发展中国家的碳账户中，从而影响了减排责任分担的公正性。

　　中国经济近年来以较快的增长速度持续增长，产品科技含量也有所增加。但总体而言，中国还是世界上最大的产品加工厂。中国出口的大部分国际贸易产品隶属于能源、纺织、金属制品以及化工等产业，而这些产业很大一部分都是污染密集型产业，虽然在出口增长、促进经济发展中发挥了不容忽视的作用，但同时也是以高耗能、高污染与高碳排放的增长为代价的。对于这些高能耗的国际商品，中国是主要生产者，而美国等一些发达国家则是主要的消费者。中国进出口贸易商品中 CO_2 的排放量已经逐渐引起全世界的关注，成为国内外学者研究的重要问题，越来越多的学者意识到国际贸易使得碳排放转移、各国国内的温室气体排放问题在全球范围内进行了重新分配。税宾（Bin Shui）和罗伯特·哈里斯（Robert

----

　　〔1〕　高广生："气候变化与碳排放权分配"，载《气候变化研究进展》2006 年第 6 期，第 305 页。

Harris）曾对中美贸易中 CO_2 排放进行研究发现，中国为生产满足美国消费的产品而产生的 CO_2 排放量自 1997～2003 年从 2.13 亿吨增加到了 4.97 亿吨，占中国 CO_2 排放量的比重从 7% 增加到了 24%。[1]

这种高能耗产品由中国制造、由发达国家消费，而将这些产品的碳排放量仅仅计入中国的账上是有失公平的。为此，新型减排责任分担方案将国际贸易带来的温室气体转移排放作为减排责任分担的考量因素，使得国际贸易商品的生产者、消费者共同承担商品隐含碳的排放责任。因此，新型减排责任分担方案中的国际贸易因素对中国而言是非常有利的一个因素。但是，也应看到的是，目前对国际贸易中转移碳排放的研究多为理论探讨，实践中如何计算国际贸易中转移碳排放的量并将其纳入国际温室气体减排责任分担框架将是一大难题。

二、新型减排责任分担方案对中国的不利因素

（一）严格的总目标

新型减排责任分担方案中的目标定为全球升温不超过 2℃，相应地大气温室气体浓度维持在 450ppm 当量水平左右。这一总目标可能给中国未来带来巨大减排压力。

目前 IPCC 正在撰写第五次评估报告，其中确定会使用一套新情景——代表性浓度路径（Representative Concentration Pathways，RCPs），并将其应用到气候模式、影响、适应和减缓等各种预估中。这种情景的开发和应用势必会影响全球温室气体减排责任分担机制的格局，而中国作为发展中大国，将背负日益增加的减排压力。[2] 在 IPCC 的新情景中，RCP3－PD 与实现 2100 年相对工业革

---

[1] Bin Shui, Robert C. Harris, "The Role of CO_2 Embodiment in US－China Trade", 34 *Energy Policy* 2006, pp. 4063～4068.

[2] 陈敏鹏、林而达："代表性浓度路径情景下的全球温室气体减排和对中国的挑战"，载《气候变化进展》2010 年第 6 期，第 436 页。

命之前全球平均升温低于 2℃ 的目标一致，也备受国际关注。[1]
在 RCP2.6 情景下，2020 年、2050 年和 2100 年全球碳排放空间分
别为 9.8 Pg C、3.2 Pg C 和 0.5 Pg C，排放空间非常小，给各国都
带来巨大压力。[2]

对中国而言，2℃ 目标是一把双刃剑，在给中国带来巨大减排
压力的同时也能成为中国要求发达国家率先进行大规模减排，并给
予资金和技术援助的有力依据。根据中国农业科学院陈敏鹏、林而
达的研究，在 IPCC 的 RCP2.6 新情景下，2020 年中国 CO_2 排放必
须达到峰值 2.6 Pg C，2050 年中国 CO_2 的排放空间仅为 1.1 Pg C。
对中国而言，要实现 RCP2.6 的近期目标并不难，并且这个近期目
标还能支持中国经济未来 10 年约 8% 的经济增长，但是 2020 年之
后，RCP2.6 情景的全球目标将给中国带来十分严峻的挑战。为此，
中国必须提前为 2020 年之后来临的巨大减排压力作好准备，通过
一系列政策措施尽快减少经济发展的碳强度。[3]

总体来看，严格的总目标（主要是 2℃ 全球升温限制）在一定
程度上压缩了发展中国家尤其是中国的碳排放空间，对中国而言是
个不利因素。

（二）现实排放因素

虽然新型减排责任分担方案以累积排放为主要衡量因素，但是
作为一个温室气体排放大国，从长期而言随着温室气体排放绝对数
量的逐年增加，中国在累积排放上所占有的优势将越来越少。

2007 年中国 CO_2 排放量已超过美国，成为世界上 CO_2 排放量
最大的国家。作为世界上最大的温室气体排放国，为了保证稳定的

────────────

〔1〕 陈敏鹏、林而达：“代表性浓度路径情景下的全球温室气体减排和对中国的挑
战”，载《气候变化进展》2010 年第 6 期，第 437 页。
〔2〕 陈敏鹏、林而达：“代表性浓度路径情景下的全球温室气体减排和对中国的挑
战”，载《气候变化进展》2010 年第 6 期，第 440 页。
〔3〕 陈敏鹏、林而达：“代表性浓度路径情景下的全球温室气体减排和对中国的挑
战”，载《气候变化进展》2010 年第 6 期，第 440 页。

经济增长，中国每年的碳排放量也在不可避免地持续增长。为此，中国政府同其他发展中国家一样，在国际气候谈判中一直强调历史排放和发达国家的历史责任，从而减少中国在全球温室气体减排责任分担中的份额。但是必须承认的是，中国的当前碳排放总量和累积碳排放量的增长速度比其他发展中国家快很多，在不久的将来，累积碳排放总量对中国而言将成为一个越来越重的负担。

从这个角度上看，一味强调气候变化的历史责任或温室气体的累积排放对中国不是一个长久之计。只有加大新能源的资金投入和技术开发，从绝对数量上减少温室气体排放才是根本之计和长远要求。因此，对中国而言，现实排放是新型减排责任分担方案中的潜在不利因素。

第二节　中国气候变化的现状和减缓气候变化的努力

气候变化是国际社会普遍关心的重大全球性问题。中国作为一个负责任的发展中国家，对气候变化问题给予了高度重视，成立了国家气候变化对策协调机构，采取了一系列与应对气候变化相关的政策和措施。2007 年，中国政府制定了《中国应对气候变化国家方案》，明确了到 2010 年中国应对气候变化的具体目标、基本原则、重点领域及其政策措施。以下结合《中国应对气候变化国家方案》和国务院每年发布的"气候变化白皮书"，介绍中国气候变化的现状及为减缓气候变化所作的努力。

一、中国气候变化的现状

总体来看，中国是全球最大的发展中国家，人口众多，能源资源匮乏，气候条件复杂，生态环境脆弱，尚未完成工业化和城镇化的历史任务，发展很不平衡。2010 年人均国内生产总值刚刚超过 2.9 万元人民币，按照联合国的贫困标准，还有上亿贫困人口，发展经济、消除贫困、改善民生的任务十分艰巨。同时，中国是最易受气候变化不利影响的国家之一，全球气候变化已对中国经济社会发展产生诸多不利影响，成为可持续发展的重大挑战。[1]

从总体的发展趋势来看，中国近百年的气候在全球变暖的大背景下发生了明显变化。有关中国气候变化的主要观测事实包括：一是近百年来，中国年平均气温升高了 0.5℃~0.8℃，略高于同期全球增温平均值，近五十年变暖尤其明显；二是近百年来，中国年均降水量变化趋势不显著，但区域降水变化波动较大；三是近五十年来，中国主要极端天气与气候事件的频率和强度出现了明显变化；四是近五十年来，中国沿海海平面年平均上升速率为 2.5 毫米，略高于全球平均水平；五是中国山地冰川快速退缩，并有加速趋势。据中国科学家的预测，中国未来的气候变暖趋势将进一步加剧，主要表现为以下几个方面：①与 2000 年相比，2020 年中国年平均气温将升高 1.3℃~2.1℃，2050 年将升高 2.3℃~3.3℃；②未来五十年中国年平均降水量将呈增加趋势，预计到 2020 年，全国年平均降水量将增加 2%~3%，到 2050 年可能增加 5%~7%；③未来一百年中国境内的极端天气与气候事件发生的可能性增大，将对经济社会发展和人们的生活产生很大影响；④中国干旱区范围可能扩大、荒漠化可能性加大；⑤中国沿海海平面仍将继续上升；⑥青藏高原和天山冰川将加速退缩，一些小型冰川将消失。[2]

从中国的温室气体排放现状来看，根据《中华人民共和国气候变化初始国家信息通报》，1994 年中国温室气体排放总量为 40.6 亿吨二氧化碳当量，其中二氧化碳排放量为 30.7 亿吨，甲烷为 7.3 亿吨二氧化碳当量，氧化亚氮为 2.6 亿吨二氧化碳当量。据中国有关专家初步估算，2004 年中国温室气体排放总量约为 61 亿吨二氧化碳当量，其中二氧化碳排放量约为 50.7 亿吨，甲烷约为 7.2 亿

---

〔1〕 参见《中国应对气候变化的政策与行动（2011）》前言部分，白皮书的全文见中国中央政府网站，http：//www. gov. cn/jrzg/2011－11/22/content_ 2000047. htm.

〔2〕 参见《中国应对气候变化国家方案》第一部分"中国气候变化的现状和应对气候变化的努力"。

吨二氧化碳当量，氧化亚氮约为 3.3 亿吨二氧化碳当量。从 1994 年到 2004 年，中国温室气体排放总量的年均增长率约为 4%，二氧化碳排放量在温室气体排放总量中所占的比重由 1994 年的 76% 上升到 2004 年的 83%。

中国温室气体排放的特点是历史排放量很低，人均排放也一直低于世界平均水平。根据世界资源研究所的研究结果，1950 年中国化石燃料燃烧二氧化碳排放量为 7900 万吨，仅占当时世界总排放量的 1.31%；1950～2002 年间中国化石燃料燃烧二氧化碳累计排放量占世界同期的 9.33%，人均累计二氧化碳排放量 61.7 吨，居世界第 92 位。

从碳排放强度来看，近年来中国单位 GDP 的二氧化碳排放强度总体呈下降趋势。根据国际能源机构的统计数据，1990 年中国单位 GDP 化石燃料燃烧二氧化碳排放强度为 $5.47kgCO_2$/美元，2004 年下降为 $2.76kgCO_2$/美元，下降了 49.5%，而同期世界平均水平只下降了 12.6%，经济合作与发展组织国家下降了 16.1%。[1]

二、中国为减缓气候变化出台的重要政策和法律法规

中国政府高度重视气候变化问题，为应对气候变化出台了一系列法律、法规和政策。2007 年 6 月，国务院决定成立国家应对气候变化领导小组（以下简称"领导小组"），作为国家应对气候变化工作的议事协调机构，国家发展和改革委员会具体承担领导小组的日常工作。领导小组组长成立之初为原国务院总理温家宝，现为李克强总理。领导小组的主要任务是：研究制订国家应对气候变化的重大战略、方针和对策，统一部署应对气候变化工作，研究审议国际合作和谈判对案，协调解决应对气候变化工作中的重大问题；组织贯彻落实国务院有关节能减排工作的方针政策，统一部署节能减排工作，研究审议重大政策建议，协调解决工作中的重大问题。同

---

〔1〕 参见《中国应对气候变化国家方案》第一部分"中国气候变化的现状和应对气候变化的努力"。

月，我国政府发布了《中国应对气候变化国家方案》。自 2008 年开始，国务院每年发布一次《中国应对气候变化的政策与行动》（也称"气候变化白皮书"）。最新一次为 2013 年 11 月发布的《中国应对气候变化的政策与行动 2013 年度报告》[1]

以下结合气候变化白皮书，介绍中国为应对气候变化出台的一些重要政策和法律法规。

（一）中国为减缓气候变化出台的重要政策

1.《中国应对气候变化国家方案》

2007 年 6 月 4 日，我国发布了《中国应对气候变化国家方案》（以下简称《国家方案》）。《国家方案》回顾了我国气候变化的状况和应对气候变化的不懈努力及取得的显著成效，分析了气候变化对我国的影响与挑战，明确了应对气候变化的指导思想、原则、目标、重点领域的减缓和适应措施，并阐明了我国对气候变化若干问题的基本立场及国际合作需求。

我国温室气体历史排放少，人均排放低，对气候变化几乎无历史责任，但我国易受并已深受气候变化不利影响，通过调整经济结构，提高能源效率，发展清洁、低碳、可再生能源，植树造林，控制人口增长，加强能力建设和提高公众意识等措施，积极应对气候变化，取得显著成效。

我国今后应对气候变化的原则是：在可持续发展框架下应对气候变化；减缓与适应气候变化并重；将应对气候变化的政策与其他相关政策有机结合；依靠科技进步和科技创新；遵循"共同但有区别责任"原则；积极参与、广泛合作。

中国应对气候变化的总体目标是：控制温室气体排放取得明显成效，适应气候变化的能力不断增强，气候变化相关的科技与研究水平取得新的进展，公众的气候变化意识得到较大提高，气候变化

---

〔1〕 "中国应对气候变化的政策与行动 2013 年度报告"，载国家节能中心公共服务网，http://www.chinanecc.cn/upload/File/1384329651160.pdf.

领域的机构和体制建设得到进一步加强。根据上述总体目标，《国家方案》提出了到 2010 年中国在控制温室气体排放、适应气候变化、科技、公众意识与管理水平等方面的具体目标及政策措施。其中，在控制温室气体排放方面，《国家方案》提出到 2010 年，实现单位国内生产总值能源消耗比 2005 年降低 20% 左右，力争使可再生能源开发利用总量（包括大水电）在一次能源供应结构中的比重提高到 10% 左右，努力实现森林覆盖率达到 20%，力争实现碳汇数量比 2005 年增加约 0.5 亿吨二氧化碳。

《国家方案》明确表明中国愿与各国加强合作应对气候变化；发达国家应按照《公约》和《京都议定书》的规定，切实履行率先量化减排和向发展中国家提供资金和技术等义务，确保促进减缓、适应、技术合作与转让等方面的全球和区域合作，提高全球应对气候变化的能力。

《国家方案》对中国清洁发展机制基金寄予厚望，指出：有效利用中国清洁发展机制基金，对于加强气候变化基础研究工作，提高适应与减缓气候变化的能力，保障《国家方案》的有效实施，缓解气候变化领域的资金需求压力，都将起到积极的作用。

《国家方案》是中国第一部关于应对气候变化的全面的政策性文件，也是发展中国家颁布的第一部应对气候变化的国家方案。《国家方案》的颁布实施，彰显了我国负责任大国的态度，将对我国的应对气候变化工作产生积极的指导和推动作用，也将为全球合作应对气候变化作出新的贡献。

2. 《关于积极应对气候变化的决议》

2009 年 8 月 27 日，第十一届全国人民代表大会常务委员会第十次会议审议通过了国务院《关于应对气候变化工作情况的报告》，并作出《关于积极应对气候变化的决议》（以下简称《决议》）。《决议》包含以下几方面的内容：①应对气候变化是我国经济社会发展面临的重要机遇和挑战；②应对气候变化必须深入贯彻落实科学发展观；③采取切实措施积极应对气候变化；④加强应对气候变化的法治建设；⑤努力提高全社会应对气候变化的参与意识和能力；⑥积极参与应对气候变化领域的国际合作。[1] 该《决议》不属于我国正式通过的应对气候法律，但是它是由我国国家立法机构专门为气候变化作出的决议，可视为我国的重大政策。它既向国际社会表明了中国应对气候变化的基本态度，也为我国建立、健全气候变化法律体系提供了基本依据。[2]

3.《"十二五"节能减排综合性工作方案》

2011 年 8 月 31 日，国务院发布了《国务院关于印发"十二五"节能减排综合性工作方案的通知》（国发〔2011〕26 号），分解下达"十二五"节能目标，实施地区目标考核与行业目标评价相结合、落实五年目标与完成年度目标相结合、年度目标考核与进度跟踪相结合，并按季度发布各地区节能目标完成情况晴雨表。

《通知》中强调各级政府部门要严格落实节能减排目标责任，进一步形成政府为主导、企业为主体、市场有效驱动、全社会共同参与的推进节能减排工作格局。要切实发挥政府主导作用，综合运用经济、法律、技术和必要的行政手段，加强节能减排统计、监测和考核体系建设，着力健全激励和约束机制，进一步落实地方各级人民政府对本行政区域节能减排负总责、政府主要领导是第一责任人的工作要求。在加强对节能减排工作的组织领导方面，要狠抓监督检查，严格考核问责。国家发展改革委负责承担国务院节能减排工作领导小组的具体工作，切实加强节能减排工作的综合协调，组织推动节能降耗工作；环境保护部为主承担污染减排方面的工作；统计局负责加强能源统计和监测工作；其他各有关部门要切实履行职责，密切协调配合。各省级人民政府要立即部署本地区"十二五"节能减排工作，进一步明确相关部门责任、分工和进度要求。

---

〔1〕 参见《全国人民代表大会常务委员会关于积极应对气候变化的决议》（2009年 8 月 27 日第十一届全国人民代表大会常务委员会第十次会议通过）。

〔2〕 李艳芳："论中国应对气候变化法律体系的建立"，载《中国政法大学学报》2010 年第 6 期，第 81 页。

《"十二五"节能减排综合性工作方案》中确定的"十二五"期间节能减排的主要目标为：到 2015 年，全国万元国内生产总值能耗下降到 0.869 吨标准煤（按 2005 年价格计算），比 2010 年的 1.034 吨标准煤下降 16%，比 2005 年的 1.276 吨标准煤下降 32%；"十二五"期间，实现节约能源 6.7 亿吨标准煤。2015 年，全国化学需氧量和二氧化硫排放总量分别控制在 2347.6 万吨、2086.4 万吨，比 2010 年的 2551.7 万吨、2267.8 万吨分别下降 8%；全国氨氮和氮氧化物排放总量分别控制在 238.0 万吨、2046.2 万吨，比 2010 年的 264.4 万吨、2273.6 万吨分别下降 10%。

在强化节能减排目标责任方面，《"十二五"节能减排综合性工作方案》提出要健全节能减排统计、监测和考核体系。加强能源生产、流通、消费统计，建立和完善建筑、交通运输、公共机构能耗统计制度以及分地区单位国内生产总值能耗指标季度统计制度，完善统计核算与监测方法，提高能源统计的准确性和及时性。修订完善减排统计监测和核查核算办法，统一标准和分析方法，实现监测数据共享。加强氨氮、氮氧化物排放统计监测，建立农业源和机动车排放统计监测指标体系。完善节能减排考核办法，继续做好全国和各地区单位国内生产总值能耗、主要污染物排放指标公报工作。

4.《"十二五"控制温室气体排放工作方案》

2011 年 12 月 1 日，国务院发布了《国务院关于印发"十二五"控制温室气体排放工作方案的通知》，将"十二五"碳强度下降目标分解落实到各省（自治区、直辖市），优化产业结构和能源结构，大力开展节能降耗，努力增加碳汇。

《"十二五"控制温室气体排放工作方案》确立的总体目标是：大幅度降低单位国内生产总值二氧化碳排放，到 2015 年全国单位国内生产总值二氧化碳排放比 2010 年下降 17%。控制非能源活动二氧化碳排放和甲烷、氧化亚氮、氢氟碳化物、全氟化碳、六氟化硫等温室气体排放取得成效。应对气候变化政策体系、体制机制进一步完善，温室气体排放统计核算体系基本建立，碳排放交易市场逐步形成。通过低碳试验试点，形成一批各具特色的低碳省区和城市，建成一批具有典型示范意义的低碳园区和低碳社区，推广一批具有良好减排效果的低碳技术和产品，控制温室气体排放能力得到全面提升。

特别值得关注的是，《"十二五"控制温室气体排放工作方案》提出通过建立温室气体排放基础统计制度和加强温室气体排放核算工作两项措施来加快建立温室气体排放统计核算体系：

第一，建立温室气体排放基础统计制度。将温室气体排放基础统计指标纳入政府统计指标体系，建立健全涵盖能源活动、工业生产过程、农业、土地利用变化与林业、废弃物处理等领域，适应温室气体排放核算的统计体系。根据温室气体排放统计需要，扩大能源统计调查范围，细化能源统计分类标准。重点排放单位要健全温室气体排放和能源消费的台账记录。

第二，加强温室气体排放核算工作。制定地方温室气体排放清单编制指南，规范清单编制方法和数据来源。研究制定重点行业、企业温室气体排放核算指南。建立温室气体排放数据信息系统。定期编制国家和省级温室气体排放清单。加强对温室气体排放核算工作的指导，做好年度核算工作。加强温室气体计量工作，做好排放因子测算和数据质量监测，确保数据真实准确。构建国家、地方、企业三级温室气体排放基础统计和核算工作体系，加强能力建设，建立负责温室气体排放统计核算的专职工作队伍和基础统计队伍。实行重点企业直接报送能源和温室气体排放数据制度。

5. 其他政策性文件

除上述文件之外，我国还出台了一系列重大政策性文件。例如，《可再生能源中长期发展规划》、《核电中长期发展规划》、《关于加强节能工作的决定》、《关于加快发展循环经济的若干意见》、《工业领域应对气候变化行动方案（2012～2020年)》、《"十二五"国家应对气候变化科技发展专项规划》、《低碳产品认证管理暂行办法》、《能源发展"十二五"规划》、《"十二五"节能环保产业发展规划》、《关于加快发展节能环保产业的意见》、《工业节能"十二五"规划》、《2013 年工业节能与绿色发展专项行动实施方案》、《绿色建筑行动方案》、《全国生态保护"十二五"规划》等重要文件。2014 年 9 月，国家发改委发布了《国家应对气候变化规划（2014～2020 年）》，对中国开展应对气候变化工作进行整体部署。全国各省（自治区、直辖市）积极组织开展了省级应对气候变化中长期规划的编制，目前江西、天津等省（直辖市）已发布了本地区应对气候变化规划。

（二）中国为减缓气候变化出台的重要法律法规

近年来，我国一直在努力完善应对气候变化的相关法律法规。制定或修订《可再生能源法》、《循环经济促进法》、《节约能源法》、《清洁生产促进法》、《水土保持法》、《海岛保护法》等相关法律，颁布《民用建筑节能条例》、《公共机构节能条例》、《抗旱条例》，出台《固定资产投资节能评估和审查暂行办法》、《高耗能特种设备节能监督管理办法》、《中央企业节能减排监督管理暂行办法》等规章。开展了应对气候变化立法研究工作。国家发展改革委、全国人大环资委、全国人大法工委、国务院法制办和有关部门联合成立了应对气候变化法律起草工作领导小组，加快推进应对气候变化法律草案起草工作，目前已初步形成立法框架。山西、青海省出台了《山西省应对气候变化办法》和《青海省应对气候变化办法》，四川、江苏省应对气候变化立法正在稳步推进。2012 年 10月，深圳市人大通过《深圳经济特区碳排放管理若干规定》，加强对深圳市碳排放权交易的管理。以下介绍几部与减缓气候变化相关的法律。

1.《可再生能源法》

开发可再生能源是我国减缓气候变化的重要措施之一。2005年 2 月 28 日，第十届全国人民代表大会常务委员会审议通过了《可再生能源法》，并于 2006 年 1 月 1 日起正式施行。2009 年 12 月

26 日，第十一届全国人民代表大会常务委员会通过了《关于修改〈中华人民共和国可再生能源法〉的决定》，修正案自 2010 年 4 月 1 日起施行。《可再生能源法》的立法目的是"促进可再生能源的开发利用，增加能源供应，改善能源结构，保障能源安全，保护环境，实现经济社会的可持续发展"。[1] 根据《可再生能源法》，可再生能源指的是"风能、太阳能、水能、生物质能、地热能、海洋能等非化石能源。"[2]《可再生能源法》规定了总量目标制度、全额保障性收购制度、价格管理制度、费用分摊制度、政府性基金制度、税收优惠制度等，以促进可再生能源的开发和利用。[3]《可再生能源法》通过之后取得了较好的实施成效，调动了全社会投资可再生能源的积极性，促进了可再生能源的技术进步和产业发展，也推动了可再生能源的快速发展。

另外，我国还制定《电网企业全额收购可再生能源电量监管办法》、《可再生能源发展专项资金管理暂行办法》、《可再生能源发电价格和费用分摊管理试行办法》、《可再生能源发电有关管理规定》、《可再生能源电价附加收入调配暂行办法》等配套法规规章，保障《可再生能源法》得到实施。

2.《循环经济促进法》

《循环经济促进法》由第十一届全国人民代表大会常务委员会于 2008 年 8 月 29 日通过，自 2009 年 1 月 1 日起施行。"循环经济"指的是，在生产、流通和消费等过程中进行的减量化、再利用、资源化活动的总称，其中"减量化"是指在生产、流通和消费等过程中减少资源消耗和废物产生，"再利用"是指将废物直接作为产品或者经修复、翻新、再制造后继续作为产品使用，或者将废

---

〔1〕 参见《可再生能源法》第 1 条。

〔2〕 水力发电的适用，由国务院能源主管部门规定，报国务院批准。参见《可再生能源法》第 2 条。

〔3〕 李艳芳："论中国应对气候变化法律体系的建立"，载《中国政法大学学报》2010 年第 6 期，第 82 页。

物的全部或者部分作为其他产品的部件予以使用，"资源化"是指将废物直接作为原料进行利用或者对废物进行再生利用。[1]《循环经济法》旨在"促进循环经济发展，提高资源利用效率，保护和改善环境，实现可持续发展"。[2] 为了实现这一立法目的，《循环经济法》规定了循环经济规划制度、抑制资源浪费和污染物排放的总量调控制度、以生产者为主的责任延伸制度、强化对高耗能企业的监督管理、强化产业政策的规范和引导、明确"三化"的具体要求、建立激励机制等一系列的制度和措施。[3] 这些制度和措施对减缓我国气候变化起到了积极的促进和推动作用。

3.《节约能源法》

《节约能源法》最早由第八届全国人民代表大会常务委员会于1997年11月1日通过，2007年10月28日第十届全国人民代表大会常务委员会对《节约能源法》作了一次全面的修订，修订后的《节约能源法》自2008年4月1日起施行。新修订的《节约能源法》将立法目的由原来的"推进全社会节约能源，提高能源利用效率和经济效益，保护环境，保障国民经济和社会的发展，满足人民生活需要"改为"推动全社会节约能源，提高能源利用效率，保护和改善环境，促进经济社会全面协调可持续发展"，淡化了节约能源对提高经济效益和保障国民经济发展的作用。为了实现这一立法目的，《节约能源法》规定了节能管理、合理使用与节约能源、节能技术进步、激励措施等主要内容，确立了节能目标责任制、节能评价考核制度、电力需求侧管理、合同能源管理、节能自愿协议、单位能耗限额标准、能效标识管理等节能制度，并分工业、建筑、

---

〔1〕 参见《循环经济法》第2条。
〔2〕 参见《循环经济法》第1条。
〔3〕 孙佑海："推动循环经济促进科学发展——《中华人民共和国循环经济促进法》解读"，载《求是》2009年第6期，第55页。

交通运输、公共机构、重点用能单位等不同领域分别规定了节能要求。[1]《节约能源法》在节约能源和提高能源利用效率的同时，也对减缓气候变化起到了促进作用。

4. 《森林法》

森林是陆地生态系统中最大的碳库。森林中的植物能吸收大气中的二氧化碳并将其固定在植被或土壤中，从而减少二氧化碳在大气中的浓度，森林的这种能力被称之为"森林碳汇"（forest carbon sinks）。我国《森林法》于1984年9月20日由第六届全国人民代表大会常务委员会通过，并于1998年4月29日由第九届全国人民代表大会常务委员会进行修正。《森林法》的立法目的是"保护、培育和合理利用森林资源，加快国土绿化，发挥森林蓄水保土、调节气候、改善环境和提供林产品的作用"，其中特别强调了森林在"调节气候"方面的作用。[2] 为了实现这一立法目的，《森林法》规定了森林经营管理、森林保护、植树造林、森林采伐等基本内容，并确立了限额采伐、植树造林、封山育林、扩大森林面积、设立森林生态效益补偿基金、加强森林经营管理、预防森林火灾、防治森林病虫害等规定。[3] 近年来，土地利用、土地利用变化及森林（LULUCF）成为国际气候谈判的一个焦点总量，但是对于LULUCF造成的碳排放是否纳入全球气候协定仍有一定争议。尽管如此，我国仍应以《森林法》为基础，保护我国的森林资源，增加森林碳汇，从而为减缓气候变化发挥积极作用。

除了以上提及的法律之外，《环境影响评价法》、《清洁生产促进法》、《人口与计划生育法》等也对我国减缓气候变化、控制温室气体起到了重要作用。

---

〔1〕 李艳芳："论中国应对气候变化法律体系的建立"，载《中国政法大学学报》2010年第6期，第81页。

〔2〕 参见《森林法》第1条。

〔3〕 李艳芳："论中国应对气候变化法律体系的建立"，载《中国政法大学学报》2010年第6期，第82页。

三、中国在控制温室气体排放方面的政策与行动

"十一五"期间，中国加快转变经济发展方式，通过调整产业结构和能源结构、节约能源提高能效、增加碳汇等多种途径控制温室气体排放，取得了显著成效。2012年以来，中国政府通过调整产业结构、优化能源结构、节能提高能效、增加碳汇等工作，完成了全国单位国内生产总值能源消耗降低及单位国内生产总值二氧化碳排放降低年度目标，控制温室气体排放工作取得积极成效。

（一）调整产业结构

我国政府积极推动传统产业改造升级，扶持战略性新兴产业发展，大力发展服务业，加快淘汰落后产能。在传统产业改造升级方面，国务院有关部门通过加强节能评估审查、环境影响评价和建设用地预审，进一步提高行业准入门槛，严控高耗能、高排放和产能过剩行业新上项目，严控高耗能、高排放产品出口。2013年2月，国家发展改革委会同有关部门对《产业结构调整指导目录（2011年本）》有关条目进行了调整，强化通过结构优化升级实现节能减排的战略导向。在扶持战略性新兴产业发展方面，2012年7月，国务院印发了《"十二五"国家战略性新兴产业发展规划》，明确七个战略性新兴产业重点领域。国务院有关部门陆续制定并发布了七个重点产业专项规划以及现代生物制造等二十多个专项科技发展规划。新兴产业创投计划支持设立创业投资基金已达138只，资金规模达380亿元，其中主要投资于节能环保和新能源领域的基金有38只，规模近110亿元。在大力发展服务业方面，2012年12月，国务院印发了《服务业发展"十二五"规划》，明确"十二五"时期是推动服务业大发展的重要时期。2012年，全国服务业比重较2010年提升了1.5个百分点。在加快淘汰落后产能方面，2013年10月，国务院印发《关于化解产能严重过剩矛盾的指导意见》，并分别提出了钢铁、水泥、电解铝、平板玻璃、船舶等行业分业施策意见。经考核，2012年共淘汰炼铁落后产能1078万吨、炼钢937万吨、焦炭2493万吨、水泥（熟料及磨机）25 829万吨、平板玻

璃 5856 万重量箱、造纸 1057 万吨、印染 32.6 亿米、铅蓄电池 2971 万千伏安时。

（二）优化能源结构

我国政府继续推动化石能源清洁化利用，同时大力发展非化石能源。在化石能源清洁化利用方面，2012 年，国家发展改革委印发《天然气发展十二五规划》，国家发展改革委、能源局等部门联合发布《页岩气发展规划（2011～2015 年）》，财政部、能源局安排专项财政资金支持页岩气开发。2013 年 9 月，国务院下发《大气污染防治行动计划》，进一步强化控制煤炭消费总量、加快清洁能源替代利用的目标和要求，大幅提升控制化石燃料消耗、发展清洁能源的工作力度。截至 2012 年底，全国 30 万千瓦及以上火电机组比例达到 75.6%，比上年增加近 1.2 个百分点。在发展非化石能源方面，2013 年，国务院印发了《国务院关于促进光伏产业健康发展的若干意见》，能源局先后印发了《太阳能发电发展"十二五"规划》、《生物质能发展"十二五"规划》、《关于促进地热能开发利用的指导意见》。经过各方努力，截至 2012 年底，中国一次能源消费总量为 36.2 亿吨标准煤，其中，煤炭占一次能源消费总量比重为 67.1%，比 2011 年下降了 1.3 个百分点；石油和天然气占一次能源消费总量的比重分别为 18.9% 和 5.5%，比 2011 年分别提高 0.3 和 0.5 个百分点；非化石能源占一次能源消费总量的比重为 9.1%，比 2011 年提高 1.1 个百分点。

（三）节能和提高能效

具体方式包括加强节能目标责任考核，实施重点节能改造工程，进一步完善节能标准标识，推广节能技术与产品，推进建筑领域节能，推进交通领域节能等。在节能目标责任考核方面，2012 年以来，国务院印发了节能减排"十二五"规划、节能环保产业发展规划等，进一步明确了各地区、各领域节能目标任务，并对省级人民政府进行节能目标责任评价考核。在重点节能改造工程方面，2012 年以来，安排中央预算内投资 48.96 亿元和中央财政奖励资金

26.1 亿元支持重点工程项目 2411 个。在节能标准标识方面，2012 年以来，国家发展改革委、国家标准化管理委员会联合实施了"百项能效标准推进工程"，发布了 60 多项节能标准。截至 2013 年 5 月底，能效标识已覆盖 28 种终端用能产品。在节能技术与产品方面，国家发展改革委发布第五批《国家重点节能技术推广目录》，公布 12 个行业的 49 项重点节能技术，五批目录累计向社会推荐了 186 项重点节能低碳技术。在推进建筑领域节能方面，国务院办公厅转发了国家发展改革委、住房城乡建设部联合编制的《绿色建筑行动方案》，住房城乡建设部发布了《"十二五"建筑节能专项规划》。截至 2012 年底，北方地区既有居住建筑供热计量及节能改造 5.9 亿平方米，形成年节能能力约 400 万吨标准煤，相当于少排放二氧化碳约 1000 万吨。全国城镇新建建筑执行节能强制性标准基本达到 100%，累计建成节能建筑面积 69 亿平方米，形成年节能能力约 6500 万吨标准煤，相当于少排放二氧化碳约 1.5 亿吨。在交通领域节能方面，交通运输部进一步调整优化交通运输节能减排与应对气候变化重点支持领域，不断加大政策支持力度。据测算，2012 年交通运输行业共实现节能量 420 万吨标准煤，相当于少排放二氧化碳 917 万吨。

（四）增加森林碳汇

国务院批准京津风沙源治理二期工程规划，建设范围扩大到 6 省（自治区、直辖市）138 个县。林业局印发了《落实德班气候大会决定加强林业应对气候变化相关工作分工方案》，启动编制"三北"防护林五期工程规划，发布实施长江、珠江防护林体系和平原绿化、太行山绿化工程三期规划。进一步推进森林经营，中央财政森林抚育补贴从试点转向覆盖全国，全国森林经营中长期规划编制工作启动，确定并推进首批 15 个全国森林经营样板基地建设，印发了森林抚育检查验收办法和作业设计规定。在全国 200 个县（林场）深入开展以森林采伐管理为核心的森林资源可持续经营管理试点。积极推进森林资源保护，印发了《进一步加强森林资源保护管理工作的通知》。全国林业碳汇计量监测体系建设扎实推进，2012年在 17 个省（自治区、直辖市）开展了试点，2013 年已实现覆盖全国，初步建成全国森林碳汇计量监测基础数据库和参数模型库。2012 年至 2013 年上半年，全国完成造林面积 1025 万公顷、义务植树 49.6 亿株，完成森林抚育经营面积 1068 万公顷，森林碳汇能力进一步增强。

（五）控制其他领域排放

在控制农业温室气体排放方面，2012 年中央财政安排补贴资金 7 亿元，支持 2463 个项目开展测土配方施肥。中央财政安排专项资金 0.3 亿元及保护性耕作工程投资 3 亿元，在 204 个县（市）推广保护性耕作技术，全国新增保护性耕作面积 164 万公顷。在加强非二氧化碳温室气体管理方面，截至 2012 年底，全国生活垃圾无害化处理率达 76%，绝大部分垃圾填埋场对填埋气体进行了收集、导排和处理，并提出了中国非二氧化碳类温室气体控排技术与对策建议。[1]

四、中国在低碳发展试点示范和温室气体统计核算方面的政策与行动

除了采取多种措施控制温室气体排放、减缓气候变化之外，中国政府还积极开展低碳发展试点示范，加强温室气体统计核算体系建设，提高应对气候变化的基础能力。

（一）低碳发展试点示范

2012 年以来，中国通过继续推进低碳省区和低碳城市试点，稳步推进碳排放交易试点，研究开展低碳产品、低碳社区等试点示范，为进一步推动应对气候变化和低碳发展积累了丰富经验，奠定了坚实基础。

---

〔1〕 以上内容摘取自《中国应对气候变化的政策与行动 2013 年度报告》第三部分"减缓气候变化"。

1. 继续推进低碳省区和低碳城市试点

2010年7月，国家发展改革委决定在广东、辽宁、湖北、陕西、云南五省和天津、重庆、深圳、厦门、杭州、南昌、贵阳、保定八市开展第一批低碳试点工作。[1] 第一批"五省八市"低碳试点取得积极进展，各试点省区和城市研究制定加快推进低碳发展的政策措施，创新体制机制，围绕优化能源结构，推动产业、交通、建筑领域低碳发展，引导低碳生活方式，增加林业碳汇，开展了一系列重大行动，实施了一批重点工程，取得了明显成效。2012年，国家又确定在北京市、上海市、海南省和石家庄市等29个省市开展第二批低碳省区和低碳城市试点工作，各试点地区积极明确工作方向和原则要求，编制低碳发展规划，探索适合本地区的低碳绿色发展模式，构建以低碳、绿色、环保、循环为特征的低碳产业体系，建立温室气体排放数据统计和管理体系，确立控制温室气体排放目标责任制，积极倡导低碳绿色生活方式和消费模式，部分试点地区还提出了温室气体排放总量控制目标和排放峰值年目标。

2. 稳步推进碳排放权交易试点

2012年以来，北京市、天津市、上海市、重庆市、深圳市、广东省和湖北省等七个省市的碳排放交易试点工作取得积极进展。2012年10月，深圳市发布实施了相关管理规定；2013年7~8月，上海市、广东省和湖北省就碳交易管理办法向社会公开征求意见。各试点地区结合本地实情，综合考虑节能减排目标、经济增长趋势、企业及行业排放水平等因素，确定碳交易覆盖企业范围，并研究确定交易范围和配额分配。各试点地区针对交易所覆盖行业，研究建立碳排放核算方法和标准，开展企业碳排放历史数据核查，其中上海市于2012年10月发布了钢铁、电力等行业的碳排放核算方法指南，深圳市于2012年11月和2013年4月以地方标准形式发布

---

〔1〕 参见《国家发展改革委关于开展低碳省区和低碳城市试点工作的通知》（发改气候〔2010〕1587号）。

了温室气体量化报告及核查规范指南和建筑行业细则。深圳市碳交易平台于2013年6月上线以来，累计完成交易量超过11万吨，成交金额超过700万元。

3. 开展相关领域低碳试点工作

第一，开展低碳产品认证试点。2013年2月，国家发展改革委、国家认监委联合印发《低碳产品认证管理暂行办法》，第一批认证目录包括通用硅酸盐水泥、平板玻璃、铝合金建筑型材、中小型三相异步电动机四种产品，并在广东、重庆等省（直辖市）开展低碳产品认证试点工作，探索鼓励企业生产、社会消费低碳产品的良好制度环境。

第二，研究开展低碳社区和低碳园区试点。国家发展改革委会同有关部门组织开展低碳社区试点的研究工作，探索社区低碳化运营管理新模式，减少居民生活领域的能源消耗和碳排放。工业和信息化部、国家发展改革委组织研究开展低碳工业试验园区试点工作，研究制定相应的评价指标体系和配套政策。

第三，开展低碳交通试点。国家在天津、重庆、北京、昆明等26个城市开展低碳交通运输体系建设试点，启动26个甩挂运输试点项目、40个甩挂运输场站建设，推进以天然气为燃料的内河运输船舶试点，开展原油码头油气回收试点。组织开展低碳交通城市、低碳港口、低碳港口航道建设、低碳公路建设等评价指标体系研究。

第四，推进碳捕集、利用和封存（CCUS）试验示范。国家发展改革委印发了《关于推动碳捕集、利用和封存试验示范的通知》，明确了近期推动CCUS的试验示范工作；成立了有国内四十多家相关企业、高校、科研院所参加的CCUS产业技术创新联盟。

第五，地方积极推进试点示范。各省（自治区、直辖市）积极开展符合本地区实际和特点的低碳发展实践，形成了不少好的经验和做法。

（二）温室气体统计核算

2012 年以来，中国加强温室气体统计核算体系建设，一方面加强基础统计体系建设，另一方面提高温室气体排放核算能力。

1. 加强基础统计体系建设

2013 年，国家发展改革委会同国家统计局制定并印发《关于加强应对气候变化统计工作的意见》，明确提出应建立应对气候变化统计指标体系，完善温室气体排放基础统计工作。国管局印发了《公共机构能源资源消费统计制度》，进一步规范公共机构能源资源消费统计工作，组织完成了 2011 年和 2012 年全国公共机构能源资源消耗情况汇总分析，纳入直接统计范围的公共机构扩大到 69 万家。林业局以各省历次森林资源清查结果为基础，结合各类林业统计数据，完成了各省森林面积和蓄积量变化的测算。

2. 提高温室气体排放核算能力

2012 年，国家发展改革委组织完成了《第二次国家信息通报》的编制工作（其中国家温室气体清单报告年份为 2005 年），并已提交《公约》秘书处。第三次国家信息通报的项目申报工作目前正在进行，拟在这个项目下编制 2010 年和 2012 年国家温室气体清单。全国 31 个省（自治区、直辖市）开展了温室气体清单编制，初步摸清了本地区的温室气体排放状况，并进行了年度碳强度下降核算工作。目前正在组织开展对 2005 年和 2010 年省级温室气体清单的验收评估工作。组织编制了化工、水泥、钢铁、有色、电力、航空、陶瓷等行业生产企业的温室气体排放核算方法与报告指南；开展碳排放权交易试点的省市已经或正在开展企业碳排放核算工作，并正在建立第三方碳排放核查体系。

第三节　中国应对气候变化的新形势和中近期减排目标

尽管中国为应对气候变化已经采取了一系列的政策措施，并取得了积极的成效，但当前的国内外形势使得中国未来应对气候变化的工作仍然面临严峻的挑战。为缓解国际气候谈判的压力和更好地从战略上规划温室气候减排工作，中国是否需要明确一个中长期（2020 年）量化的综合减排目标，如何来确定一个科学可行的中长期减排目标，这一目标将对中国带来怎样的挑战。这些都是我们需要思考的问题。

一、当前中国应对气候变化面临的新形势

随着国际合作应对气候变化共识不断加深和中国综合国力的不断提升，中国应对气候变化工作面临新的形势。

从国际来看，国际社会对气候变化的科学认识不断深化，IPCC 第五次评估报告进一步强化了人为活动引起气候变化的科学结论，气候变化全球影响日益凸显，正成为当前全球面临的最严峻挑战之一。各国对气候变化问题的认识正逐步提高，积极采取措施应对气候变化已成为全球各国的共同意愿和紧迫需求。国际气候变化谈判进入新阶段，2012 年底的多哈会议就《京都议定书》第二承诺期、《公约》下长期合作行动等重要问题达成了一揽子协议，结束了"巴厘岛路线图"谈判进程，并推动了"德班平台"谈判进程，各国正在为 2015 年谈判达成一项新的全球协议作出积极努力。

从国内来看，各级政府高度重视，应对气候变化工作取得积极进展，减缓和适应能力不断增强，应对气候变化的体制机制及法律、标准体系建设逐步完善，全社会低碳意识进一步提高。2012 年全国单位国内生产总值二氧化碳排放较 2011 年下降 5.02%。到 2012 年底，中国节能环保产业产值达到 2.7 万亿元人民币。目前，中国水电装机、核电在建规模、太阳能集热面积、风电装机容量、人工造林面积均居世界第一位，为应对全球气候变化作出了积极贡献。同时，中国仍处于工业化和城镇化进程中，经济增长较快，能源消费和二氧化碳排放总量大，并且还将继续增长，控制温室气体排放需要付出长期、艰苦的努力。[1]

国内外应对气候变化的新形势对中国未来的可持续发展道路提出了严峻的挑战，主要表现在以下几方面：气候变化问题将重塑世界政治经济格局，为中国和平崛起的新兴大国之路提出严峻挑战；国际气候制度的解构和重塑，为中国积极参与国际事务及国际治理提出新的挑战；全球应对气候变化的长期目标将严重制约我国的碳排放空间，为中国的现代化之路提出严峻挑战；全球向低碳经济转型，将对各国的竞争优势产生重大调整，对中国的经济竞争力及在全球产业链中的定位提出挑战；气候变化国际标准的全面推广实施可能会对我国的企业和产品带来新型的绿色"贸易壁垒"。[2]

二、中国的中近期减排目标

（一）中国是否需要一个量化减排目标

中国是否需要明确一个量化的综合减排目标，这取决于我国未来可能的谈判策略。除在政策层面和项目层面外，未来的行动可能需要有综合的宏观量化的目标，以衡量一个国家减排努力的程度。另一方面，确定一个宏观量化的减排指标，对内作为努力争取实现的目标，也有利于在国内层面协调行动，提前部署。确定量化的减排指标既要统筹国内国外两个大局，对外既要争取排放空间，又要展现负责任大国形象；对内既要保障经济发展，又有利于促进向低碳经济转型。指标的选取既要考虑近期对经济发展不致形成严重制约，又要考虑远期打造低碳发展的综合竞争力。

目前我国控制温室气体排放主要是既有政策、措施和目标的归纳整合，随着全球应对气候变化形势的发展，我国是否把减缓温室气体排放作为一项新的战略任务，这取决于全球谈判形势的判断和对国内应对气候变化重要性的认识。在全球应对气候变化越来越紧

---

〔1〕 以上内容摘取自《中国应对气候变化的政策与行动 2013 年度报告》第一部分"应对气候变化面临的形势"。

〔2〕 科学技术部社会发展科技司：《应对气候变化国家研究进展报告》，科学出版社 2013 年版，第 135 页。

迫的形势下，应对气候变化的能力将成为国家综合竞争力的重要方面，而低碳能源技术发展及政策体系的建设都需要较长的时间周期。实现全球稳定大气温室气体浓度目标将对我国未来的排放空间形成严重制约，较早地确定我国未来减缓目标和对策，有利于促进低碳技术创新和向低碳经济转型，以应对未来在气候变化背景下国际政治、经济、贸易和科学技术等领域新的竞争格局。[1]

（二）科学确定中国 2020 年应对气候变化的目标

未来减排排放指标的选择要反映我国国情和发展阶段的特征。我国处于工业化、城市化快速发展阶段，随着经济较快增长，能源消费在相当长时期内仍会处于持续增长的爬坡阶段，低碳能源技术的发展和应用跟不上能源需求的增长速度，二氧化碳排放增长趋势会持续较长时期，因此，我国不宜选择绝对量的减限排指标，应选择和经济发展相关，反映能源利用效率和碳排放经济效益改进的相对指标。

在工业化高速发展阶段，未来经济增长和能源消费增长具有较大不确定性。处于后现代阶段的发达国家经济结构趋于稳定，经济增长速度缓慢，对未来能源消费和相应碳排放的趋势能较好地把握，比较容易分析和确定未来减排的目标和措施。鉴于我国未来经济发展和碳排放的较大不确定性，所选取的减排指标对这种不确定性应有较好的适应性。

目前我国采取的一项主要减排指标是碳排放强度指标。碳排放强度指标（GDP 的 CO_2 排放强度下降指标）可以反映碳排放效益改进的程度，同时又能较好地适应未来经济增长的不确定性；而且能够反映出我国经济快速增长下碳排放强度可以较大幅度下降的优势。我国 1990～2005 年，碳排放强度下降了 49.5%，年下降率为4.5%。2020 年的碳排放强度可比 2005 年下降 40%～60%，年下

---

〔1〕 科学技术部社会发展科技司：《应对气候变化国家研究进展报告》，科学出版社 2013 年版，第 136～137 页。

降率可达 3.4% ~ 6.3%，比 1990 年下降 70.0% ~ 80.9%，年下降率达 3.9% ~ 5.4%。

除了碳排放强度指标以外，还可考虑非化石能源比重、森林覆盖率、部门能效标准、淘汰落后产能、增加研发投入等有关指标。根据我国可再生能源发展规划与发展趋势，2020 年可再生能源利用量可达 5 亿 ~ 6 亿吨标准煤当量，非化石能源达到 15% 的比重有难度。根据我国林业规划，2020 年森林覆盖率将由 2005 年的 18.2% 增加到 23%，可按此对外公布的数据作为指标。[1]

（三）中国 40% ~ 45% 减排目标的挑战性

在哥本哈根气候大会召开前夕，2009 年 11 月 25 日，中国政府召开国务院常务会议。会议决定，到 2020 年我国单位国内生产总值二氧化碳排放比 2005 年下降 40% ~ 45%，作为约束性指标纳入国民经济和社会发展中长期规划，并制定相应的国内统计、监测、考核办法。会议还决定，通过大力发展可再生能源、积极推进核电建设等行动，到 2020 年我国非化石能源占一次能源消费的比重达到 15% 左右；通过植树造林和加强森林管理，森林面积比 2005 年增加 4000 万公顷，森林蓄积量比 2005 年增加 13 亿立方米。这是我国根据国情采取的自主行动，是我国为全球应对气候变化作出的巨大努力。[2]

这一目标是中国应对气候变化中近期行动的方向，是中国根据国情作出的战略抉择，也是很有力度和具有挑战性的目标。首先，中国上述目标仅指与能源消费相关的碳排放，而不包括森林和土地利用变化的碳汇增加。其次，与发达国家相比，附件一国家从 1990 年至 2005 年 15 年间，单位 GDP 的碳排放强度仅下降 26%。从这个角度分析，中国将不逊于发达国家。中国公布 2020 年比 2005 年

〔1〕 科学技术部社会发展科技司：《应对气候变化国家研究进展报告》，科学出版社 2013 年版，第 138 ~ 139 页。
〔2〕 国务院办公厅："国务院常务会研究决定我国控制温室气体排放目标"，http://www.gov.cn/ldhd/2009 - 11/26/content_ 1474016. htm.

单位 GDP 的碳排放强度下降 40% ~ 45% 的目标，体现了中国的大国责任，而且不以其他任何国家的减排承诺作为先决条件，是与中国可持续发展相结合的战略选择。发展低碳经济将是中国协调经济发展和保护全球气候的根本途径，也是全球应对气候变化形势下世界经济社会发展变革的潮流，中国确立并努力实现单位 GDP 的碳排放强度下降目标，也将有利于促进中国向低碳经济转型和可持续发展。[1]

中国单位 GDP 的碳排放强度下降目标，涵盖了"十一五"、"十二五"和"十三五"三个五年计划时期。"十一五"期间单位 GDP 能源强度下降了 19.1%，加上能源结构调整，单位 GDP 的碳排放强度下降约21%。"十二五"制定了单位 GDP 的碳排放强度下降17%的约束性目标，完成这个目标后，"十三五"期间，单位 GDP 的碳排放强度再下降16%，即可实现 2020 年单位 GDP 的碳排放强度比 2005 年下降 45% 的目标。因此，中国提出的"40% ~ 45%"的自主减缓行动目标是经过努力可以实现的目标。[2]

第四节　长期全球减排目标下中国的应对策略

2011 年在南非德班举行的《公约》第十七次缔约方大会上讨论的一个重点问题就是，在后京都时代确立一个长期减排目标和一个全球减排路线图。2012 年的多哈气候大会上，发展中国家继续维护共同但有区别责任和各自能力原则的诉求，但发展中国家尤其是发展中大国承担责任，这是发达国家和发展中小国共同期望的，

〔1〕 科学技术部社会发展科技司：《应对气候变化国家研究进展报告》，科学出版社 2013 年版，第 139 页。
〔2〕 科学技术部社会发展科技司：《应对气候变化国家研究进展报告》，科学出版社 2013 年版，第 140 页。

所以未来中国等新兴国家的减排甚至承担更多责任的压力会更大。[1] 多哈气候大会决定,《京都议定书》第二承诺期从 2013 年 1 月 1 日开始,至 2020 年 12 月 31 日结束。后京都时代,特别是在《京都议定书》第二承诺期结束即 2020 年之后的长期全球减排目标,对中国应对气候变化提出了严峻的挑战。在此背景下中国应当采取何种策略加以应对呢? 以下提出几点应对策略以供参考。

一、坚持气候变化责任分担的基本原则

在气候变化的责任分担问题上,中国应坚持共同但有区别的责任原则、人均平等排放权原则等气候责任分担的基本原则,作为气候谈判的根本依据。

第一,坚持《公约》和《京都议定书》基本框架,严格遵循巴厘路线图授权,在《公约》和《京都议定书》双轨谈判机制下推动后京都谈判取得进展。《公约》和《京都议定书》是国际合作应对气候变化的基本框架和法律基础,而巴厘路线图则是为加强《公约》和《京都议定书》全面、有效和持续实施而制定的重要会议决定。[2] 随着《京都议定书》第一承诺期已经结束,有一些发达国家提出废除《京都议定书》的言论。中国对此应当坚决抵制,坚持《公约》和《京都议定书》的基本框架和"巴厘岛路线图"确立的双轨谈判机制。

第二,坚持共同但有区别责任原则。发达国家在两百多年的工业化过程中排放了大量温室气体,是当前全球气候变化的主要责任者,并且发达国家掌握着很多先进的低碳技术,而发展中国家缺乏应对气候变化的财力和技术手段。不论从历史责任来看,还是从现实能力来看,发达国家都应率先开始减排,并向发展中国家提供资

---

[1] 孙振清主编:《全球气候变化谈判历程与焦点》,中国环境出版社 2013 年版,第 ii 页。

[2] 参见《中国应对气候变化的政策与行动(2011)》第八部分"中国参与气候变化国际谈判的基本立场"。

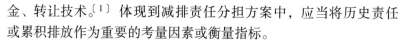

金、转让技术。[1] 体现到减排责任分担方案中，应当将历史责任或累积排放作为重要的考量因素或衡量指标。

第三，坚持人均平等排放权原则。人口是中国在国际气候谈判中的一个有利因素，目前中国的人均碳排放量与发达国家的人均碳排放水平相比，还具有一定差距。例如，美国的人均碳排放量相当于中国的近六倍。[2] 坚持人均平等排放权原则，才意味着维护中国合理使用大气资源，实现可持续发展的权利。为了使人均平等排放权原则在国际上获得更多国家的支持，应当加强有关气候变化理论的研究，尤其是气候正义、气候变化与人权保护方面的研究。

二、完善减缓气候变化的相关法律法规

目前我国在应对气候变化方面已经出台了一系列的政策和法律法规，如《可再生能源法》、《循环经济法》、《节约能源法》、《森林法》、《清洁生产法》等。但是现有的减缓气候变化立法还未形成一个完整的法律体系，主要表现为两方面的缺陷。首先，在气候变化综合性立法方面，缺乏一部综合性、高位阶的气候变化国家法。现有的气候变化立法绝大部分是零散地涉及了气候变化的某些领域，如清洁能源、森林碳汇、循环经济等，但是目前为止我国还未出台一部针对气候变化的综合性立法。其次，在减缓气候变化专门立法方面，如同中国人民大学李艳芳教授所说"已有的减缓气候变化立法还存在规定不足和缺位"。规定不足表现为，虽然我国已经制定并实施了《节约能源法》、《可再生能源法》、《森林法》等减缓性立法，但是这些立法相对比较原则，在具体适用过程中仍然存在很多问题，因此还有待于将现有规定进一步完善，尤其是增加现有规定的可操作性。规定缺位表现为，目前有一些应当制定的立法还未制定出台。例如，我国尚未出台综合性的《能源法》，对能

---

〔1〕 参见《中国应对气候变化的政策与行动（2011）》第八部分"中国参与气候变化国际谈判的基本立场"。

〔2〕 曹明德："哥本哈根协定：全球应对气候变化的新起点———兼论中国在未来气候变化国际法制定中的策略"，载《政治与法律》2010年第3期，第10页。

源与气候变化之间的关系缺乏总括性的规定。[1]

为了克服上述两方面的缺陷，我国可以借鉴和参考国外已有的成功立法经验，在以下几方面完善我国的应对气候变化立法，尤其是减缓气候变化立法：首先，制定一部综合性的《气候变化应对法》，作为中国应对气候变化的"基本法"，从而完善中国应对气候变化的法律体系。其次，加快制定单行的可再生能源法。例如，加强应对气候变化背景下海岸管理的《海岸带管理法》的制定，全面规范核能利用的《核能法》的制定，以及对太阳能发电、水力发电等可再生能源的专业立法。再次，进一步修改完善现行环境立法和能源立法，减缓气候变化，包括对《环境保护法》、《可再生能源法》、《煤炭法》、《电力法》等法律的修改。最后，修改完善资源立法，增强自然生态系统对气候变化的适应性，包括对《森林法》、《水法》、《水土保持法》、《防洪法》等法律的修改。[2]

三、大力发展低碳经济和先进减排技术

低碳经济是在全球变暖的背景下提出的一种经济形式，其基本含义是以更少的自然环境消耗和更少的环境污染获得更多的经济产出，从而降低和控制温室气体的排放。[3] 具体来说，低碳经济指的是在可持续发展理念的指导下，通过技术创新、技术转让、制度创新、产业转型、开发新能源等手段，减少温室气体排放，达到经济社会发展与环境保护双赢的一种经济发展形态。

为了大力发展低碳经济，我国应加大在气候变化应对方面的科技投入，鼓励技术创新，开发使用新能源，并鼓励相关技术的国际转让。技术创新是各国应对气候变化的核心手段。随着全球气候谈

---

〔1〕李艳芳："论中国应对气候变化法律体系的建立"，载《中国政法大学学报》2010年第6期，第85页。

〔2〕李艳芳："论中国应对气候变化法律体系的建立"，载《中国政法大学学报》2010年第6期，第89~91页。

〔3〕王福波："我国发展低碳经济的法学思考"，载《现代法学》2011年第1期，第90页。

判的深入，我国政府面临着越来越大的减排压力，这就需要大力发展各项减排技术，争取尽早掌握目前世界上用于减缓气候变化的核心技术。这不仅关系到我国是否能够在有限的能源消耗前提下维持经济社会的可持续发展，也关系到我国在全球应对气候变化行动引发的政治、经济、贸易中的竞争优势。[1] 在国际贸易当中，我国应当逐步减少碳密集型产品、高能耗低技术水平产品的出口，加大低碳经济下技术含量高、污染小的产品的出口，改变世界初级产品加工厂的现状。

同时，我国也应利用现有国际规定，积极推动有关减缓气候变化的国际技术转让。发达国家在长期工业化过程中，掌握了更多的减排技术，发达国家和发展中国家在清洁能源技术方面的差距一时还无法填补，为此我国在提升自有减排技术水平的同时也应通过国际技术转让更快地获得先进技术。《公约》和《京都议定书》中都规定发达国家向发展中国家提供资金援助和技术转让的义务。但在实践中，先进技术的援助并没有在国际气候变化行动中发挥应有的作用。为此，中国应坚持要求发达国家提供技术援助，并与其他国家开展技术合作，将技术援助纳入国际温室气体减排责任分担机制当中。[2]

四、加强公众参与，推动"自下而上"的减排

公众参与是环境法中公认的一项基本原则。减缓气候变化不仅是摆在各国政府面前的一个重要任务，也是对地球上生存的每个人提出的一个严峻挑战。在气候变化的国内外应对中都应加强公众参与的作用，推动"自下而上"的减排。

目前我国在应对气候变化领域中，主要是采取"自上而下"的方式，由政府在减缓、适应气候变化的过程中起主导推动作用。如

---

〔1〕 何建坤、刘滨、王宇："全球应对气候变化对我国的挑战与对策"，载《清华大学（哲学社会科学版）》2007 年第 5 期，第 77 页。

〔2〕 张志强、曾静静、曲建升："应对气候变化与温室气体减排问题分析与对策建议"，载《科学对社会的影响》2008 年第 1 期，第 9 页。

前所述，我国在减缓气候变化领域已经出台了大量的政策和法律法规。这些政策和法律法规中的要求不可谓不严格，但是这些政策和法律法规的执行状况却不甚理想，严重影响了各项减排政策和法律法规的应有作用。减排政策和法规失灵的一个重要原因就是缺乏公众（包括企业在内）的有效参与。而公众参与的积极性不高的部分原因是公众不了解目前全球气候变化形势，或者是不了解个人在日常生活中应当采取哪些手段来参与减排。这就需要国家加大对应对气候变化的教育和宣传，鼓励公民个人采用低碳的生活方式，鼓励企业采用清洁的能源和先进的减排技术。相比之下，欧盟、美国等发达国家在"自下而上"的减排方面已经取得一些有益的经验。我国应当更多地借鉴国外经验，加强公众参与，推动"自下而上"的减排。

结　论

　　全球气候变化是人类面临的共同挑战，也是摆在整个人类面前的一道难题。它关系到人类能否继续在地球上生存，未来的地球能否继续承载人类的文明等根本问题。[1]

　　国际社会为应对气候变化出台了《公约》、《京都议定书》等一系列气候变化国际法文件，并规定了指导各国应对气候变化的一些原则。各缔约国也在《公约》目标、原则、机构设置、减排承诺、报告要求等方面达成了基本的共识。但是近年来随着气候谈判的逐步深入，气候谈判开始不得不面对着一个棘手但也是最根本的问题——各国的减排责任分担。在减排责任如何分担问题上，发达国家和发展中国家的分歧和冲突非常多，甚至表现出一种看似无法调和的状态。这种发达国家和发展中国家的对立严重阻碍了气候谈判的发展，也阻碍了气候变化国际应对的进一步行动。

　　为了解决发达国家和发展中国家的冲突和矛盾，有必要提出一种淡化分歧、强调共识的方法，找到一条化解这道难题的路径。这就是建立一套完整的国际温室气体减排责任分担机制。笔者将对国际温室气体减排责任分担机制的研究划分为基本理论、构成要素和分担方案三个主要层次，从抽象的原则到具体的因素和指标并最终

　　〔1〕　［美］阿尔·戈尔：《难以忽视的真相》，环保志愿者译，湖南科学技术出版社2007年版，第298页。

转化为明确的责任分担指数，可以说一个不断量化的过程。

国际温室气体减排责任分担机制的基本理论部分包括价值理念和基本原则两个方面。在价值理念方面，国际温室气体减排责任分担机制体现了正义、公平和效率三种价值，其中正义是最高价值、公平是首要价值、效率是次级价值。在公平和效率发生冲突时，应当以公平为优先。如果说气候变化国际应对是一个整体行为，以最小的成本达到最大的减排目标，那么效率就是最高价值。但是应对气候变化从一开始就需要世界各国和每个人的共同行动，这就必须在不同群体之间进行区分，体现公平的价值理念。在基本原则部分，国际温室气体减排责任分担机制的基本原则必须符合以下四个标准：属于气候变化的国际应对领域；适用于国际温室气体减排责任分担全过程；符合气候变化中公平的价值追求；获得世界各国的广泛认同，为绝大多数国家和学者所接受。经过筛选，只有共同但有区别责任原则和人均平等排放权原则能符合这四个标准的要求。其中共同但有区别责任原则从历史责任出发，人均平等排放权原则从人均因素出发，两个原则相互补充，共同构成国际温室气体减排责任分担的基本原则。

在构成要素方面，国际温室气体减排责任分担机制由静态和动态的构成要素组成。静态构成要素包括主体、客体、目标三个部分，动态构成要素包括收集排放信息、分配减排责任、核查减排信息三个主要步骤。其中，国际温室气体减排责任分担机制的主体包括决策主体、执行主体、责任承担主体、监督主体，缔约方会议是决策主体而各个缔约国是责任承担主体。在动态构成要素部分，最重要的是分配减排责任，而减排责任分担的前提是建立一个国际减排责任分担方案。

现有的诸多减排责任分担方案各有缺陷，无法获得多数国家的同意。因此，需要建立一个新型减排责任方案，既能体现公平、正义、效率的价值和两项基本原则的要求，又能较为中性化、淡化各国冲突、体现全球共识，以便促进国际社会在减排责任分担问题上尽快达成一致意见，并转化为实际的减排行动。

新型减排责任分担方案的核心是量化减排责任。亚里士多德认为，正义可以精确到用数字来表示，即"分配的公正在于成比例，不公正则在于违反比例"。[1] 在减缓气候变化领域，也同样需要量化各国的减排责任。近年来通过的"巴厘岛路线图"、《哥本哈根协议》、《坎昆协议》等都试图将国际温室气体减排责任量化，以便在各国之间进行分配。量化减排责任不等于将发达国家和发展中国家减排责任简化为量的差别，而是在综合考虑发达国家和发展中国家的差异基础上进行的量化。为了使这个量化过程更加公平更加透明，新型减排责任分担方案从责任分担应当考量的客观因素着手，经过因素—指标—指数的层层细化最终形成温室气体减排责任分担指数和各国的减排责任计算办法。

根据《公约》的相关规定和学者研究成果，新型减排责任分担方案的考量因素包括排放因素、人口因素、能力因素、地理和气候条件、能源资源禀赋、国际贸易六个不同方面。相应地，这六大因素可以分别转化为国别排放指标、人均排放指标、减排能力指标、气候脆弱性指标、国际贸易排放指标五大指标加以衡量。其中国别排放指标和人均排放指标可以整合为人均累积排放指数，就形成了人均累积排放指数、气候能力指数、气候脆弱性指数和国际贸易排放指数四个指数，对这四个指数进行加权即可得到一国的最终减排责任分担指数。依据这个责任分担指数，结合全球的碳预算总额，即可得出各国应当承担的减排量。这一新型减排责任分担方案具有多重优势，但是由于各国减排责任计算模式较为粗糙，也未经实践的检验，还存在很多有待完善的地方。

在全球减缓气候变化行动中，中国处于举足轻重的地位。中国在减排责任分担方面的立场和行动广受各国关注。近年来，随着中

---

〔1〕 李春林："气候变化与气候正义"，载《福州大学学报（哲学社会科学版）》2010 年第 6 期，第 48 页。

国温室气体排放量的逐年增加，很多发达国家和一些小岛屿国家对作为发展中国家的中国施加了越来越多的减排压力。为减缓气候变化，中国出台了一系列与减排相关的政策和法律法规，例如《可再生能源法》、《循环经济促进法》、《节约能源法》、《清洁生产促进法》、《水土保持法》、《海岛保护法》等等，并取得了一定的成效。在长期全球减排的目标下，中国应当坚持气候变化责任分担的基本原则，完善减缓气候变化的相关法律法规，大力发展低碳经济和先进减排技术，并加强公众参与推动自下而上的减排。通过采取这些措施，中国有义务也有能力通过本国的减排行动为全球应对气候变化作出应有的贡献。事实上，各个国家也都应克服狭隘的国家利益观念，从全球共同利益出发，在公平、正义的价值理念之下，分担各自的减排责任。只有通过各国的通力协作而非对抗，人类才可能成功应对有史以来的最大挑战——气候变化问题。

参考文献

一、中文论著

1. 蔡守秋、常纪文：《国际环境法学》，法律出版社 2004 年版。

2. 曹明德、黄锡生：《环境资源法》，中信出版社 2004 年版。

3. 韩德培：《环境保护法教程》，法律出版社 2003 年版。

4. 韩良：《国际温室气体排放权交易法律问题研究》，中国法制出版社 2009 年版。

5. 何大鸣：《国际气候谈判研究》，中国经济出版社 2012 年版。

6. 胡静：《环境法的正当性与制度选择》，知识产权出版社 2008 年版。

7. 科学技术部社会发展科技司：《应对气候变化国家研究进展报告》，科学出版社 2013 年版。

8. 李静云：《走向气候文明：后京都时代气候保护国际法律新秩序的构建》，中国环境科学出版社 2010 年版。

9. 刘晗、李静：《气候变化视角下共同但有区别责任原则研究》，知识产权出版社 2012 年版。

10. 刘金国、舒国滢主编：《法理学教科书》，中国政法大学出版社 1999 年版。

11. 马骧聪主编：《国际环境法导论》，社会科学文献出版社 1994 年版。

12. 潘家华主编：《碳预算：公平、可持续的国际气候制度构架》，社会科学文献出版社 2011 年版。

13. 孙振清主编：《全球气候变化谈判历程与焦点》，中国环境出版社

2013 年版。

14. 王灿发:《环境法学教程》,中国政法大学出版社 1997 年版。

15. 王曦:《国际环境法》(第 2 版),法律出版社 2005 年版。

16. 徐祥民、孟庆垒等:《国际环境法基本原则研究》,中国环境科学出版社 2008 年版。

17. 杨兴:《〈气候变化框架公约研究〉——国际法与比较法的视角》,中国法制出版社 2007 年版。

18. 张梓太、吴卫星等:《环境与资源法学》,科学出版社 2002 年版。

19. 周忠海等:《国际法学述评》,法律出版社 2001 年版。

20. 庄贵阳、陈迎:《国际气候制度与中国》,世界知识出版社 2005 年版。

21. 庄贵阳、朱仙丽、赵行姝:《全球环境与气候治理》,浙江人民出版社 2009 年版。

22. 〔法〕亚历山大·基斯:《国际环境法》,张若思译,法律出版社 2000 年版。

23. 〔美〕阿尔·戈尔:《难以忽视的真相》,环保志愿者译,湖南科学技术出版社 2007 年版。

24. 〔美〕埃里克·波斯纳、戴维·韦斯巴赫:《气候变化的正义》,李智、张健译,社会科学文献出版社 2011 年版。

25. 〔美〕格温·戴尔:《气候战争》,冯斌译,中信出版社 2010 年版。

26. 〔美〕庞德:《通过法律的社会控制——法律的任务》,沈宗灵译,商务印书馆 1984 年版。

27. 〔美〕沃特:《忧天:全球变暖探索史》(修订扩充版),李虎译,清华大学出版社 2011 年版。

二、外文论著

1. Anita Margrethe Halvorssen, Equality among Unequals in International *Environmental Law: Differential Treatment for Developing Countries*, Boulder, Colo.: Westview Press, 1999.

2. Chris Wold, David Hunter, Melissa Powers, *Climate Change and the Law*,

Newark，NJ：LexisNexis Matthew Bender，2009.

3. Eric A. Posner，David Weisbach，*Climate Change Justice*，Princeton University Press，2010.

4. Frank Biermann，Philipp Pattberg，Fariborz Zelli（eds），*Global Climate Governance Beyond* 2012：*Architecture*，*Agency and Adaptation*，Cambridge University Press，2010.

5. Farhana Yamin，Joanna Depledge，*The International Climate Change Regime*：*A Guide to Rules*，*Institutions and Procedures*，Cambridge University Press，2004.

6. Friedrich Soltau，*Fairness in International Climate Change Law and Policy*，Cambridge University Press，2009.

7. Ian Brownlie，*Principles of Public International Law*，*6th edition*，Oxford University Press，2003.

8. Michael Gerrard，*Global Climate Change and U. S. Law*，Chicago，American Bar Association，Section of Environment，Energy，and Resources，2007.

9. Tuula Honkonen，*The Common but Differentiated Responsibility Principle in Multilateral Environmental Agreements*：*Regulatory and Policy Aspects*，Alphen aan den Rijn：Kluwer Law International，2009.

三、中文论文

1. 边永民："论共同但有区别的责任原则在国际环境法中的地位"，载《暨南学报（哲学社会科学版）》2007 年第 4 期。

2. 曹静、苏铭："应对气候变化的公平性和有效性探讨"，载《金融发展评论》2010 年第 1 期。

3. 曹明德："哥本哈根协定：全球应对气候变化的新起点——兼论中国在未来气候变化国际法制定中的策略"，载《政治与法律》2010 年第 3 期。

4. 曹明德："气候变化的法律应对"，载《政法论坛》2009 年第 4 期。

5. 曾静静、曲建升、张志强："国际温室气体减排情景方案比较分析"，载《地球科学进展》2009 年第 4 期。

6. 曾静静、曲建升、张志强："国际主要温室气体排放数据集比较分析研究"，载《地球科学进展》2008年第1期。

7. 陈敏鹏、林而达："代表性浓度路径情景下的全球温室气体减排和对中国的挑战"，载《气候变化进展》2010年第6期。

8. 陈文颖、吴宗鑫、何建坤："全球未来碳排放权'两个趋同'的分配方法"，载《清华大学学报（自然科学版）》2005年第6期。

9. 陈文颖、吴宗鑫："关于温室气体限排目标的确定（巴西提案）"，载《上海环境科学》2009年第1期。

10. 陈文颖、吴宗鑫："气候变化的历史责任与碳排放限额分配"，载《中国环境科学》1998年第6期。

11. 陈迎、庄贵阳："《京都议定书》的前途及其国际经济和政治影响"，载《世界经济与政治》2001年第6期。

12. 陈迎："圣保罗案文的基本要点"，载《气候变化进展》2007年第3期。

13. 丁仲礼等："2050年大气CO_2浓度控制：各国排放权计算"，载《中国科学D辑：地球科学》2009年第8期。

14. 丁仲礼等："国际温室气体减排方案评估及中国长期排放权讨论"，载《中国科学D辑：地球科学》2009年第12期。

15. 丁仲礼："应基于'未来排放配额'来分配各国碳排放权"，载《群言》2010年第4期。

16. 樊纲、苏铭、曹静："最终消费与碳减排责任的经济学分析"，载《经济研究》2010年第1期。

17. 高广生："气候变化与碳排放权分配"，载《气候变化研究进展》2006年第6期。

18. 戈华清、吴世彬："论国际环境保护的效率与均衡——以'智猪博弈'解析'共同但有区别的环境责任'"，载《河海大学学报（哲学社会科学版）》2008年第3期。

19. 龚微："气候变化国际合作中的差别待遇初探"，载《法学评论》2010年第4期。

20. 龚向前："解开气候制度之结——'共同但有区别的责任'探微"，

载《江西社会科学》2009 年第 11 期。

21. 谷德近："巴厘岛路线图：共同但有区别责任的演进"，载《法学》2008 年第 2 期。

22. 何建坤等："全球长期减排目标与碳排放权分配原则"，载《气候变化研究进展》2009 年第 6 期。

23. 何建坤、刘滨、陈文颖："有关全球气候变化问题上的公平性分析"，载《中国人口、资源与环境》2004 年第 6 期。

24. 何建坤、刘滨、王宇："全球应对气候变化对我国的挑战与对策"，载《清华大学学报（哲学社会科学版）》2007 年第 5 期。

25. 何建坤、刘滨："作为温室气体排放衡量指标的碳排放强度分析"，载《清华大学学报（自然科学版）》2004 年第 6 期。

26. 何建坤、滕飞、刘滨："在公平原则下积极推进全球应对气候变化进程"，载《清华大学学报（哲学社会科学版）》2009 年第 6 期。

27. 胡鞍钢、管清友："应对全球气候变化：中国的贡献"，载《当代亚太》2008 年第 4 期。

28. 胡鞍钢："通向哥本哈根之路的全球减排路线图"，载《当代亚太》2008 年第 6 期。

29. 黄勇："《京都议定书》生效后发展趋势及其影响——访中国人民大学环境学院副院长邹骥"，载《中国环境报》2004 年 10 月 27 日。

30. 晋海："《京都议定书》与国际环境正义"，载《法治论丛（上海政法学院学报）》2008 年第 2 期。

31. 李春林："气候变化与气候正义"，载《福州大学学报（哲学社会科学版）》2010 年第 6 期。

32. 李威："责任转型与软法回归：《哥本哈根协议》与气候变化的国际法治理"，载《太平洋学报》2011 年第 1 期。

33. 李艳芳："论中国应对气候变化法律体系的建立"，载《中国政法大学学报》2010 年第 6 期。

34. 李艳梅、张雷、程晓凌："中国碳排放变化的因素分解与减排途径分析"，载《资源科学》2010 年第 2 期。

35. 林伯强："温室气体减排目标、国际制度框架和碳交易市场"，载《金融发展评论》2010 年第 1 期。

36. 刘玲、丁浩："温室气体减排相关问题的研究演进"，载《生态经济》2010 年第 9 期。

37. 刘世锦、张永生："全球温室气体减排：理论框架和解决方案"，载《经济研究》2009 年第 3 期。

38. 鲁远："波恩会议取得的成果及影响分析"，载《环境保护》2001 年第 9 期。

39. 穆燕等："黑碳的研究历史与现状"，载《海洋地质与第四纪地质》2001 年第 1 期。

40. 潘家华、陈迎："碳预算方案：一个公平、可持续的国际气候制度框架"，载《中国社会科学》2009 年第 5 期。

41. 钱皓："正义、权利和责任——关于气候变化问题的伦理思考"，载《世界政治与经济》2010 年第 10 期。

42. 秦天宝、成邯："气候变化国际法中公平与效率的协调"，载《武大国际法评论》第十三卷。

43. 曲建升、曾静静、张志强："国际主要温室气体排放数据集比较分析研究"，载《地球科学进展》2008 年第 1 期。

44. 任国玉、徐影、罗勇："世界各国 CO_2 排放历史和现状"，载《气象科技》2002 年第 3 期。

45. 任勇、田春秀、张孟衡："成功而具有重要意义的一次大会——COP11 和 COP/MOP1 概述"，载《中国环境报》2006 年 1 月 13 日。

46. 苏利阳等："面向碳排放权分配的衡量指标的公正性评价"，载《生态环境学报》2009 年第 4 期。

47. 孙法柏："后京都时代气候变化协议缔约国义务配置研究"，载《山东科技大学学报（社会科学版）》2009 年第 5 期。

48. 孙佑海："推动循环经济促进科学发展——《中华人民共和国循环经济促进法》解读"，载《求是》2009 年第 6 期。

49. 滕飞等："碳公平的测度：基于人均历史累计排放的碳基尼系数"，载《气候变化研究进展》2010 年第 6 期。

50. 涂瑞和："《联合国气候变化框架公约》与《京都议定书》及其谈判进程"，载《环境保护》2005 年第 3 期。

51. 王福波："我国发展低碳经济的法学思考"，载《现代法学》2011 年第 1 期。

52. 王琴、曲建升、曾静静："生存碳排放评估方法与指标体系研究"，载《开发研究》2010 年第 1 期。

53. 王伟中："稳定大气 CO_2 浓度和碳排放权分配问题"，载《经济前沿》2002 年第 10 期。

54. 王小钢："'共同但有区别的责任'原则的适用及其限制——《哥本哈根协议》和中国气候变化法律与政策"，载《社会科学》2010 年第 7 期。

55. 王晓丽："共同但有区别的责任原则刍议"，载《湖北社会科学》2008 年第 1 期。

56. 吴静、王铮："全球减排：方案剖析与关键问题"，载《中国科学院院刊》2009 年第 5 期。

57. 吴卫星："后京都时代（2012～2020 年）碳排放权分配的战略构想——兼及'共同但有区别的责任'原则"，载《南京工业大学学报（社会科学版）》2010 年第 2 期。

58. 熊昌义："联合国气候变化大会通过《德里宣言》"，载《人民日报》2002 年 11 月 3 日。

59. 徐以祥："气候保护和环境正义——气候保护的国际法律框架和发展中国家的参与模式"，载《现代法学》2008 年第 1 期。

60. 徐玉高、郭元、吴宗鑫："碳权分配：全球碳排放权交易及参与激励"，载《数量经济技术经济研究》1997 年第 3 期。

61. 杨泽伟："碳排放权：一种新的发展权"，载《浙江大学学报（人文社会科学版）》2011 年第 3 期。

62. 姚天冲、周洋、李一鸣："共同但有区别责任原则的法理分析"，载《辽宁行政学院学报》2010 年第 5 期。

63. 张华、王志立："黑碳气溶胶气候效应的研究进展"，载《气候变化研究进展》2009 年第 6 期。

64. 张磊:"全球减排路线图的正义性——对胡鞍钢教授的全球减排路线图的评价与修正",载《当代亚太》2009 年第 6 期。

65. 张志强、曾静静、曲建升:"应对气候变化与温室气体减排问题分析与对策建议",载《科学对社会的影响》2008 年第 1 期。

66. 张志强、曲建升、曾静静:"温室气体排放评价指标及其定量分析",载《地理学报》2008 年第 7 期。

67. 郑艳、梁帆:"气候公平原则与国际气候制度构建",载《世界经济与政治》2011 年第 6 期。

68. 朱晓勤、温浩鹏:"气候变化领域共同但有区别的责任原则——困境、挑战与发展",载《山东科技大学学报（社会科学版）》2010 年第 2 期。

69. 朱兴珊、刘学义、徐华清:"应付气候变化行动中的公平和效率问题",载《环境科学动态》1998 年第 3 期。

四、外文论文

1. Anita M. Halvorssen, "Common, but Differentiated Commitments in the Future Climate Change Regime, Amending the Kyoto Protocol to Include Annex C and the Annex C Mitigation Fund", *Colo. J. Int'l Envtl. L. & Pol'y* 247, 2007.

2. Bin Shui, Robert C. Harriss, "The role of CO_2 Embodiment in US – China Trade", 34 *Energy Policy* 2006.

3. Christopher D. Stone, "Common but Differentiated Responsibilities in International Law", 98 *Am. J. Int'l L.* 276 (2004).

4. Eric A. Posner, Cass R. Sunstein, "Climate Change Justice", 96 *Georgetown Law Journal* 1565 (2008).

5. Frederick, "Sold and Distributed in North, Central and South America by Aspen", *Energy and Environmental Law & Policy Series*, Vol. 5, 2009.

6. Lavanya Rajamani, "The Principle of Common but Differentiated Responsibility and the Balance of Commitments under the Climate Regime", *Review of European Community & International Environmental Law*, Vol. 9,

Iss 2, 2000.

7. Henry Shue, "After You: May Action by the Rich Be Contingent Upon Action by the Poor?", 2 *Indiana Journal of Global Legal Studies* 1994.

8. Jesper Munksgaard, "Klaus Alsted Pedersen, CO_2 Accounts for Open Economies: Producer or Consumer Responsibility?", 29 *Energy Policy* 2001.

9. Jiun – Jiun Ferng, "Allocating the Responsibility of CO_2 Over – emissions from the Perspectives of Benefit Principle and Ecological Deficit", 46 *Ecological Economics* 2003.

10. Niklas Hohne, Michel den Elzen, Martin Weiss, "Common but Differentiated Convergence (CDC): A New Conceptual approach to Long – term Climate Policy", 6 *Climate Policy* 2006.

11. Paul Harris, "Common but Differentiated Responsibility: The Kyoto Protocol and United States Policy", 7 *N. Y. U. Envtl. L. J.* 27 (1999).

12. Robert V. Percival, "Liability for Environmental Harm and Emerging Global Environmental Law", 25 *Maryland Journal of International Law* 37 (2010).

13. Rumu Sarkar, "Critical Essay: Theoretical Foundations in Development Law: A Reconciliation of Opposites?", *Denver Journal of International Law and Policy*, Vol. 33, 2005.

14. Tuula Honkonen, "The Principle of Common but Differentiated Responsibility in post – 2012 Climate Negotiations", *RECIEL* 18 (3), 2009.

15. Werner Scholtz, "Different Countries, One Environment a Critical Southern Discourse on the Common but Differentiated Responsibility Principle", *South African Yearbook of International Law*, Vol. 33, 2008.

16. Yoshiro Matsui, "Some Aspects of the Principle of Common but Differentiated Responsibilities", 2 *International Environmental Agreements: Politics, Law and Economics* 2002.

五、中文学位论文

1. 陈贻健:《气候正义论》,中国政法大学 2011 年博士学位论文。

2. 杜万平:《环境行政权的监督机制研究》,武汉大学 2005 年博士学位论文。

3. 李晨曦:《碳预算方案的国际机制研究及其国内应用前景》,中国社会科学院研究生院 2010 年硕士学位论文。

4. 刘江伟:《国际环境法中的共同但有区别责任原则探析》,中国政法大学 2008 年硕士学位论文。

5. 王英平:《〈京都议定书〉及后京都时代的国际气候制度》,中国海洋大学 2006 年硕士学位论文。

6. 谢玲:《论共同但有区别责任原则》,湖南师范大学 2005 年硕士学位论文。

7. 谢永佳:《应对全球变暖的国际法框架和共同但有区别的责任原则》,厦门大学 2008 年硕士学位论文。

8. 杨兴:《〈气候变化框架公约〉研究》,武汉大学 2005 年博士学位论文。

9. 余红成:《控制气候变化的国际法律机制研究》,昆明理工大学 2005 年硕士学位论文。

10. 张美成:《论国际环境法的"共同但有区别责任原则"》,华东政法学院 2003 年硕士学位论文。

11. 赵军:《应对气候变化国际法律制度评析》,外交学院 2006 年硕士学位论文。

12. 赵少群:《试论共同但有区别责任原则》,贵州大学 2005 年硕士学位论文。

六、外文学位论文

1. Kristen Bishop,"Fairness in International Environmental Law, Accommodation of the Concerns of Developing Countries in the Climate Change Regime", McGill University, Montreal, 1999.

2. Tuula Honkonen, "The Common but Differentiated Responsibility Principle in Multilateral Environmental Agreements: Regulatory and Policy Aspects", Kluwer Law International, 2009.

3. Haroldo Machado Filho, "The Principle of Common but Differentiated Re-

sponsibilities and the Climate Change Regime", The Graduate Institute, Geneva, 2007.

4. Jun Ha Kang, "The CBDR Principle of International Law and the Climate Change Regime", Indiana University, 2004.

5. Hyun – Chang Jung, "The Structure of the Climate Change Regime with Particular Reference to the Principle of Common but Differentiated Responsibilities", University of Oxford, 2001.

七、网页资料

1. "2011 年人类发展报告——可持续性与平等：共享美好未来"，载 UNDP 官网，http：//hdr. undp. org/en/media/HDR_2011_CN_Complete. pdf.

2. GCI, Contraction and Convergence (C & C) Climate Justice without Vengeance, http：//gci. org. uk/Translations/CandC_ Statement(Chinese)_ . pdf.

3. UN – OHRLLS, The Impact of Climate Change on the Development Prospects of the Least Developed Countries and Small Island Developing States (2009), http：//www. unohrlls. org/UserFiles/File/LDC% 20Documents/ The% 20impact% 20of% 20CC% 20on% 20LDCs% 20and% 20SIDS% 20for% 20web. pdf.

4. World Statistics Pocketbook 2010：Landlocked Developing Countries, http：//www. unohrlls. org/UserFiles/File/Pocketbook2010 – LLDC% 20full (1). pdf.

5. 曹宇："应对全球气候变化依然任重道远"，载中国网，http：//www. china. com. cn/chinese/HIAW/732553. htm.

6. 陈迎、潘家华："气候变化与公平问题"，http：//www. cesd – sass. org/climate/ShowArticle. asp? ArticleID = 831.

7. 国际可持续发展中心（IISD）："IPCC 第三工作组第 12 次会议及第 39 次全会谈判摘要"，http：//www. iisd. ca/vol12/enb12597e. html.

8. 绿色公司："从全球气候进程的历史脉络看国际保护气候努力的未

来趋势", http：//www. cbeex. com. cn/article/xsyj/xsbg/201010/2010
1000024706. shtml.

9. 玛莉安·贝德："斯特恩报告的全球变暖警示"，载中外对话网站，
http：//www. chinadialogue. net/article/show/single/ch/528 – A – Stern –
warning – on – global – warming.

10. 尼古拉斯·斯特恩："气候变化经济学（上）"，季大方译，载中央
编译局网站，http：//www. bijiao. net. cn/news – 151. htm.

11. 潘家华："公平获取可持续发展"，载中国社会科学院财经战略研
究院网，http：//naes. org. cn/article/22658.

12. 新民晚报："华沙气候大会达成协议终闭幕　会议主要取得三项成
果"，载中国新闻网，http：//finance. chinanews. com/ny/2013/11 –
24/5539839. shtml.

13. 杨爱国："《联合国气候变化框架公约》大会闭幕"，载中国清洁发
展机制网，http：//cdm. ccchina. gov. cn/web/NewsInfo. asp？NewsId =
93.

14. 张永："IPCC 发布最新报告　呼吁关注气候变化风险"，载中国气象局
网，http：//www. cma. gov. cn/2011xwzx/2011xqxxw/2011xqxyw/201403/t2
0140331_ 242024. html.

15. "IPCC 和它的第五次评估报告"，载中国气象视频网，http：//t1.
mywtv. cn/content/j/a/2013/10/25/138303354981. shtml.

八、其他资料

1. Bryan A. Garner ed. , *Black's Law Dictionary*, 8th edition, Thomson
West, 2004.

2. 中国社会科学院语言研究所词典编辑室编：《现代汉语词典》（第 5
版），商务印书馆 2005 年版。

3. 《公约》、《京都议定书》及历届缔约方会议文件。

4. 《中国应对气候变化的政策与行动》（2008～2013 年）。

后 记

　　转眼间，从中国政法大学博士毕业踏上工作岗位已接近两年。本书是在我的博士毕业论文的基础之上加工整理而得。

　　气候变化是一个学科交叉性非常强的领域，其中有许多问题可以研究，但需要融合气候科学、政治学、法学、数学、统计学、社会学等学科的理论和知识。因个人才识所限，本书的研究还比较粗浅，其中提出的温室气体减排责任分担方案只是建立了一个初步的理论构架，有待于其他学科专家的补充完善。书中疏漏不妥之处，还请读者同行不吝指正。

　　感谢我的导师王灿发老师。从硕士三年到博士三年，我一直师从王灿发老师。王老师不仅是我的专业导师，带我学习环境法的专业知识，还是我的人生导师，教我许多为人处世的道理。王老师创办了污染受害者法律帮助中心，致力于发展环保公益事业。我也曾作为中心的志愿者，接听污染受害者帮助热线，协助公益律师办理环保案件，将环境法的理论应用于实践。尽管王老师平时的工作已非常繁忙，但仍把学生摆在第一位，只要学生有问题，有问必答。本书从选题、拟写大纲到初稿、终稿的完成，都得到了王灿发老师的悉心指导。

　　同时，感谢我的另一位美国导师罗伯特·V. 珀西瓦尔（Robert V. Percival）老师。2008年，珀西瓦尔老师在法大教授一学期的美国环境法课程，有赖王灿发老师的信任，我有幸成为珀西瓦尔老师的学生助教。正是这一段助教的经历，使我和他结下不解之缘，并在他的鼓励下拍摄环保小电影，参加国际环境法模拟法庭辩论大赛。博士二年级期间，我还有幸到他所在的美国马里兰大学访学一年。

也感谢中国政法大学环境法研究所的其他老师，曹明德老师、孙佑海老师、胡静老师、马燕老师、杨素娟老师、于文轩老师、侯佳儒老师。感谢北京理工大学的罗丽老师。感谢在我的求学路上给过帮助的所有师兄师姐，陈懿师兄、陈贻健师兄、杨朝霞师兄、王晓辉师姐、唐忠辉师兄。感谢我的室友马碧玉在博士期间像大姐姐般地照顾我。

还要感谢我的家人对我一直以来的全力支持，是他们对我生活上的关心和照顾使我能专心学习，不需要为生活琐事而分心。

最后，感谢我的母校——中国政法大学，从本科到硕士到博士，从军都山下走到小月河边，我在法大度过了人生最美好的10年。法大的10年使我学会以一个法律人的角度思考问题。而学习环境法的6年使我深深热爱上了这个学科。我相信，不论将来从事什么工作，环境法的情结会一直在我心中。

黄 婧

2014 年 4 月